图 1　北京颐和园十七孔桥（那向谦摄）

图 2　沪宁电气化铁路接触网张紧装置（单　建摄）

图 3　斯图加特的人行天桥（单　荣摄）

图 4 “9·11”事件中的纽约世贸大厦(资料来源：新浪网)

图 5　斯图加特 Killesberg 公园观景塔(单　荣摄)

图 6　心仪已久，一见如故（黄祖瑂摄）

Fun with Structural Mechanics

QUWEI JIEGOU LIXUE

趣味结构力学

第 2 版

单建　编著

高等教育出版社·北京

内容提要

本书通过丰富的例题及工程实例，在阐明结构力学基本概念和原理的基础上，揭示了该课程的趣味性，旨在激发土木工程及其他相关专业的学生学习结构力学的兴趣，改进学习方法，提高学习效率，并且通过结构力学的学习，提高分析问题和解决问题的能力和灵活性。

本书是在第1版基础上修订而成，修改了第1版中对某些问题的不够全面、恰当的论述，加入了两个小节新的内容，并采用双色印刷。本书覆盖了结构力学基本部分（几何组成分析、静定结构内力计算、结构位移计算、力法、位移法和力矩分配法、影响线）的内容，也涉及结构力学的专题部分（动力分析、稳定、极限荷载）的部分内容，既可作为基础结构力学课程的辅助教材，也可作为"定性结构力学"或"概念结构力学"的教学参考书。本书凝结了作者多年从事结构力学教学及研究的经验和心得，也吸取了其他结构力学教学工作者的部分成果。全书内容精练，分析透彻，语言生动，是一本具有鲜明特色的结构力学教材。

图书在版编目（CIP）数据

趣味结构力学 / 单建编著. --2版. --北京 : 高等教育出版社, 2015.4 (2021.11重印)
ISBN 978-7-04-041890-3

Ⅰ. ①趣… Ⅱ. ①单… Ⅲ. ①结构力学-高等学校-教学参考资料 Ⅳ. ①O342

中国版本图书馆CIP数据核字(2015)第016115号

策划编辑 水 渊　责任编辑 水 渊　封面设计 张 楠　版式设计 马敬茹
插图绘制 黄建英　责任校对 刘春萍　责任印制 刘思涵

出版发行 高等教育出版社
社 址 北京市西城区德外大街4号
邮政编码 100120
印 刷 佳兴达印刷（天津）有限公司
开 本 787mm×960mm 1/16
印 张 10.75
字 数 200千字
插 页 3
购书热线 010-58581118
咨询电话 400-810-0598
网 址 http://www.hep.edu.cn
http://www.hep.com.cn
网上订购 http://www.landraco.com
http://www.landraco.com.cn
版 次 2008年1月第1版
2015年4月第2版
印 次 2021年11月第4次印刷
定 价 25.80元

物 料 号 41890-00

第2版前言

本书第1版2008年问世以来，承蒙结构力学和土木工程界的同行和学生们提出了不少宝贵意见和建议，使作者受益不浅；在此期间，作者应邀到全国多所高校作相关讲座，反映之好也令作者深受鼓舞——这些都为作者进一步思考、发掘和阐述结构力学的趣味性提供了动力。在与读者和听众交流的过程中，以及在这一过程之余，本书的修订准备也逐渐酝酿成熟。

本次修订，除修改了第1版中对某些问题的不够全面、恰当的论述，对部分文字进行了推敲和润色，以及修正了个别错误和瑕疵外，主要工作是在第2章插入了两节新的内容，分别对支座不等高三铰刚架弯矩图的快速画法、高度和跨度不等连拱体系的几何组成分析问题进行了深入的讨论，前者是在近两年作者在几所高校所作题为“玩好结构力学”讲座的有关内容的基础上写成的。2012年，作者去斯图加特探望女儿，有机会亲眼见到并登上了自己特别欣赏的Killesberg公园观景塔，此次修订，也在书中增添了一幅彩图。另外，第2版的图文尝试采用了双色印刷。希望以上工作无论从形式还是内容上，都能带给读者某种耳目一新的感觉。

感谢所有关心和赐教本书修订工作的同行和同学，特别感谢海南大学缪加玉教授提出的中肯意见和南京工业大学董军教授提供的关于纽约世贸大厦倒塌问题的文献资料。本版书稿仍请同济大学朱慈勉教授审阅，朱教授一如既往的严谨、认真的精神再次深深感动了作者。在此特向朱慈勉教授致以衷心的谢意！

在本书第1版的写作过程中，作者曾填“临江仙”词一首以抒怀，并将它放在了第1版的结束语中；本次修订，作者积习难改，又填了一首“临江仙”，但不准备再写新的结束语了，那就把它放在前言里吧：

子曰知之犹不足，何如“好”“乐”孜孜。爱翁兴趣是良师。陈公“玩”数学，结力亦如斯。

记得庖丁论道语，慕他游刃恢恢。从教白雪染青丝。成书今六载，笔削发新枝。

单　建

2014年10月于东南大学

第 1 版前言

对于土木工程专业的学生来说，结构力学是一门十分重要同时又相当难学的课程。既重要又难学，于是学习结构力学就成了一部分学生不得不做的苦差，甚至“噩梦”，根本无乐趣可言。几年前，作者曾经在课堂上谈到结构力学的趣味性问题，说“结构力学可能是你们在大学阶段最有趣味的课程之一”，结果非但没有引起如期的共鸣，反倒是有学生在下面窃窃私语，“掩口胡卢而笑”(蒲松龄:《聊斋志异·促织》)，似乎老师的话乃是诳语。就在那一刻，作者产生了写一本《趣味结构力学》的冲动。

已故数学大师陈省身先生在他生前最后一次接受采访时，被记者问及他为什么要把数学作为自己终身的事业。老先生的回答十分简单、可爱而又发人深省:因为数学“好玩”。好玩者，有趣也。研究一门学问或学习一门课程，如果不觉得“好玩”，不觉得有趣，那确实是一件不幸而痛苦的事情。

那么，结构力学到底有没有趣味呢? 有趣，而且相当有趣。这是作者从多年的结构力学教学实践中获得的体会之一。结构力学的趣味性来自于其研究对象的多样性、研究内容的系统性、研究方法的逻辑性、解题思路的灵活性和它贴近工程的实践性。学好这门课程，既能积累必要的知识，又能启发心智、锻炼思维，开拓视野、提高能力，从而为今后的学习乃至工作打下良好的基础。

能否收到上面所说的效果，一个重要的问题是“怎样教”和“怎样学”。一门有趣的课程，不见得人人都觉得有趣，学生如此，教师未必不如此。其中，教师是主导方面。如果教师不能把课程的趣味性发掘出来，在教学中有意识地加以阐述和利用，去激发、调动学生的学习兴趣，学生自己是很难发现其中的趣味的。教师干巴巴地教，学生苦巴巴地学，再有趣的课程也教不好、学不好。爱因斯坦说“兴趣是最好的老师”，这已是老生常谈了；比爱翁更早的孔子在几千年前就曾说过“知之者不如好之者，好之者不如乐之者”(《论语·雍也第六》)这样精辟的话。现在比较普遍的情况仍然是教师以使学生“知之”为目标，而很少想到引导学生“好之”、“乐之”，结果往往是学生连“知之”的要求也做不到。

基于这样的认识，作者近几年来在结构力学教学中及相关的科研乃至日常生活中，对于“结构力学”和“趣味”的结合给予了特别的留意，积累、搜集了一定数量的素材，写成了这本《趣味结构力学》。如果本书能使读者觉得结构力学确实有点“好玩”，能对增进结构力学课程的“教”与“学”两个方面的趣味性起到一定的促进作用，从而对提高结构力学这门课程的教学质量有所贡献，作者的目的也就达到了。

除了上述主要目的，本书还希望通过具体问题的分析，介绍一些与结构工程的发展有关的新概念和新思路，例如适当施加预应力使几何可变体系成为可用的结构之类，以达到开拓学生的视野、激发学习和研究的兴趣的目的。

限于时间和水平，本书所讨论的问题数量还不够充足，内容也不够全面，有的也许并不十分有趣；此外，既然是“趣味”结构力学，必然要求在表达方面与一般的教科书有所区别，作者在这方面也深感功力不足，文字的生动与“趣味”二字不大相称。因此，作者还希望本书能够起到抛砖引玉的作用，引起广大结构力学教学工作者对于“趣味结构力学”这一题目的兴趣和关注；希望在不久的将来，在类似选题下会有更好的著作问世。

本书请同济大学朱慈勉教授审阅。朱教授对书稿提出了许多宝贵的、中肯的意见，其认真负责、细致入微的精神令作者十分感动。在此谨向朱慈勉教授表示衷心的感谢。

单　建

2007年6月于东南大学

目　　录

第 1 章

几何组成分析

1.1 “三十六计”之顺藤摸瓜

对《趣味结构力学》的作者来说，本章既好写又不好写。好写，因为几何组成分析即使不是结构力学中最有趣味的内容，至少也是最有趣味的内容之一，有大量有趣的题材可以发掘；不好写，因为有趣的东西太多，如果兼收并蓄，难免造成各章篇幅过度失衡，因此不得不有所取舍，甚至忍痛割爱。

几何组成分析，常用的方法是应用几何不变体系的基本组成规则。但这些规则绝不是解决几何组成分析问题的万应灵药，不少几何组成分析问题的解决，除了基本规则之外还要求助于其他方法或技巧。本节标题中的“三十六计”，不过是形容此类方法和技巧之多，类似于人们常说的“千方百计”，并不表明作者真有将本章写到第 1.36 节的打算。

本节所要讨论的问题，仅应用基本规则就能分析清楚，但也需要正确的思路。接下去的几节将涉及一些稍微复杂的、仅应用基本规则无法解决的问题。

关于几何不变体系的基本组成规则，通常的提法有三条，即“二元体规则”、“两刚片规则”和“三刚片规则”。这三条规则在本质上是相通的，一些简单的问题，无论用哪条规则都可以解决；但复杂一点的问题，则用这一条规则还是另一条规则、先用哪一条规则后用哪一条规则，就需要动一番脑筋。

一般说来，可以按照以下的“优先”顺序考虑采用哪条规则：

首先，考虑“二元体规则”，例如，能不能撤去一些二元体，使体系得到简化；

其次，考虑“两刚片规则”，例如，在体系的一部分（例如地基）已确定为几何不变的情况下，检查体系的其余部分与该几何不变部分的连接是不是符合两刚片规则的要求，能不能脱离该部分进行分析；

最后，考虑采用较为复杂的“三刚片规则”。

如果采用这些规则都不能奏效，那就要求助于其他方法或技巧了。

例 1.1 试分析图 1.1a 所示体系的几何组成。

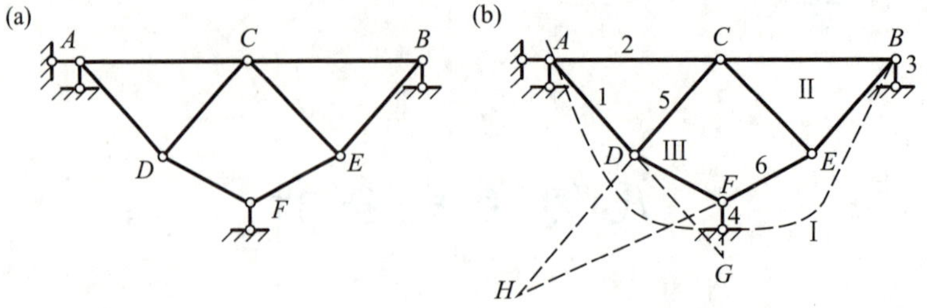

图 1.1

这个问题大家可能都比较熟悉,它在几乎所有的结构力学教科书、习题集或解题指导之类的参考书上都能见到,堪称此类问题的“经典”之一,也差不多是能够仅用基本规则进行分析的最难的问题之一。解决这一问题的关键是要将地基看成一个刚片,将△*CBE* 和链杆 *DF* 看成另外两个刚片。但这样取刚片是怎么“想”出来的？特别是,怎么会想到将链杆 *DF* 也看成刚片呢？是误打误撞地碰上的,还是有什么思路可循？常见的教科书或参考书对此往往“语焉不详”。就作者所见,对这一问题的思路讲解得最为透彻的当属文献[10]。

分析 首先,二元体 *A*(这里将二元体用两根链杆的共同结点来表示,下同)可以看做地基的一部分,这是本例中二元体规则唯一可以派上用场的地方,此外它就没有什么用武之地了。

其次,如果脱离地基进行分析,体系显然内部可变,但它与地基以 4 根链杆(图 1.1b 中的杆 1、2、3、4)相连,其中任意 3 根不共点,因而不能利用两刚片规则,从体系的内部可变性判定它是几何可变的。两刚片规则也用不上,剩下的就只有三刚片规则可以考虑了。

很容易想到将地基(含二元体 *A*)、铰接三角形 *ACD* 和 *CBE* 分别看成一个刚片。但这样取刚片,除了两个三角形之间的铰 *C* 以外,地基与任何一个三角形之间的联系都不符合三刚片规则的要求(图 1.1b 中:△*CBE* 与地基仅有一根链杆 3 直接联系,链杆 6 的 *E* 端连接着△*CBE*,*F* 端却连接着链杆 4 而不是地基;△*ACD* 与地基之间除了铰 *A* 之外,还通过两根首尾相接的链杆 *DF* 和 4 互相连接),因而是行不通的,必须另辟蹊径。

应该看到,本例中三个刚片无论怎样取,地基必为其中之一。因此,比较符合逻辑的思路是从地基出发去寻找另外两个刚片。试将地基想象成“瓜地”,将要寻找的另外两个刚片看成“瓜”,则联系地基和这两个刚片的链杆就是“藤”,顺着“藤”应该不难找到“瓜”。注意,这里的“瓜”比较特殊:两根“藤”上结一个“瓜”,因此两个“瓜”对应 4 根“藤”。

由图 1.1b 可见,与地基(含二元体 *A*)直接相连的链杆不多不少正好是

4 根。

顺着 1、4 两根“藤”摸,找到一个“瓜”——链杆 *DF*;

顺着 2、3 两根“藤”摸,找到另一个“瓜”——△*CBE*。

△*CBE* 和链杆 *DF* 又以链杆 5、6 相连。按照两根链杆与一个单铰的对应关系,三刚片“两两相联”的铰可以从而确定,剩下的问题就是看它们是否共线了。

解 在图 1.1b 中,将地基(包括二元体 *A*)看成刚片Ⅰ,△*CBE* 和链杆 *DF* 分别看成刚片Ⅱ和刚片Ⅲ。刚片Ⅰ和Ⅱ之间的链杆 2 和 3 相当于铰 *B*,Ⅰ和Ⅲ之间的链杆 1 和 4 相当于铰 *G*,Ⅱ和Ⅲ之间的链杆 5 和 6 相当于铰 *H*。*B*、*G*、*H* 三铰不共线。因此,这是一个几何不变,并且没有多余约束的体系。

应用两刚片规则或三刚片规则进行几何组成分析,关键是将组成体系的“零件”适当地划分为“刚片”(约束对象)和“链杆”(约束工具),从而使想用的规则能够用得上。分析时目的要明确,思路要清楚,避免盲目地拆分和组合。此外,当某种思路(例如在本例中将△*CBE* 和△*ACD* 分别看成一个刚片)经过尝试已经证明行不通时,要及时改弦更张,不能“一条道走到黑”。

图 1.2a、b 所示的两个体系表面上与图 1.1a 不同,实际上都是图 1.1a 的“翻版”,三者的“拓扑”规律是完全相同的。建议读者用基本规则对这两个体系进行几何组成分析,进一步体会“顺藤摸瓜”的妙处。

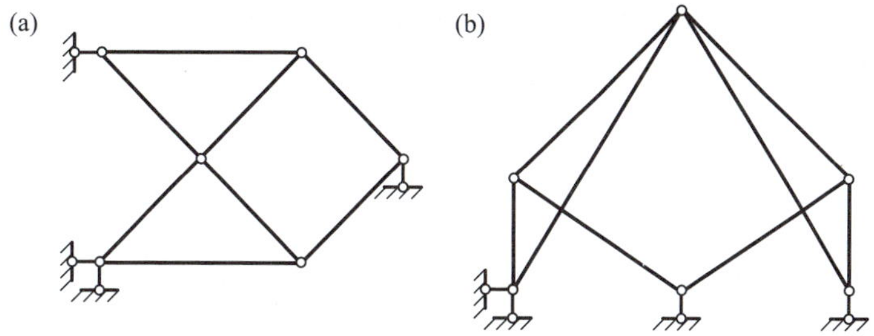

图 1.2

用“顺藤摸瓜”的思路还可以轻松地找出图 1.3 所示的“正六边形体系”问题用基本规则进行分析的全部解法。因为对称性,本题用基本规则分析,解法只能有两种:(1) 从一条边出发,去寻找另外两个刚片;(2) 从一条对角线出发,去寻找另外两个刚片。图 1.3a、b 所示的解法属于前一种,图 1.3c、d 所示的解法属于后一种。在这 4 个图中,刚片及链杆的编号方法与图 1.1 相同,请读者进行比较。

图 1.3a 和 c 所示的解法虽然出发点(“瓜地”)不同,但三个刚片和三组链杆的取法却是相同的,应该视为同一种解法。以上分析已经穷尽了本问题用基

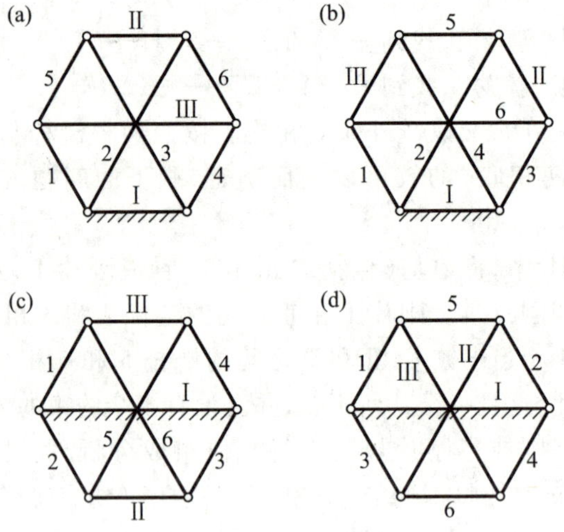

图 1.3

本规则分析的各种可能的解法,因此我们可以有把握地说:如果限用基本规则分析,本题只有三种解法。

1.2 "三十六计"之偷梁换柱

如果将图 1.1a 所示的体系稍加改变,得到图 1.4a,几何组成分析的难度就上了一个台阶,因为这时无论怎样"顺藤摸瓜"也无济于事了,必须动点别的脑筋才行。

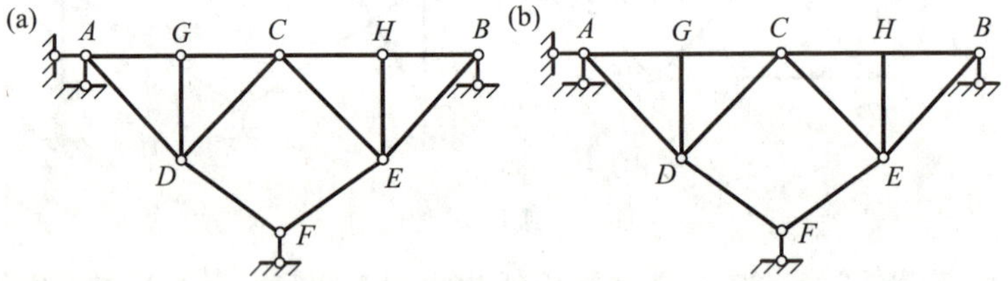

图 1.4

比较图 1.1a 和图 1.4a 中的两个体系,二者的区别仅仅在于:图 1.1a 中的铰接三角形 *ACD* 和 *CBE* 在图 1.4a 中分别被换成了简单桁架 *AGCD* 和 *CHBE*。它们的相同之处是:第一,两个铰接三角形都是内部几何不变、无多余约束的,相应的两个简单桁架也都是内部几何不变、无多余约束的;第二,两个铰接三角形中的任何一个及其对应的简单桁架与体系其余部分的连接方式相同。这里所说的“连接方式”包括连接点的数量、位置和性质，例如，图 1.1a 中的铰接三角形 *ACD* 和图 1.4a 中的简单桁架 *AGCD* 都是在 *A*、*C*、*D* 三个点与体系的其余部分铰接的，并且两个图中 *A*、*C*、*D* 的位置也相同。

显然，上述两个体系的“机动性质”（包括几何可变或不变的性质、多余约束的个数）是完全相同的。因此，为了分析图 1.4a 所示体系的几何组成，可以先将它简化成图 1.1a，用分析后者代替分析前者。问题迎刃而解。

在几何组成分析中，将体系中的任意一个几何不变部分（刚片）用铰接三角形或由若干个铰接三角形组成的简单桁架代替，并且不改变刚片与体系其余部分的连接方式，则简化前后的两个体系具有相同的机动性质。利用这一规律，常常可以使一些比较复杂的几何组成分析问题得到简化，从而可以用基本规则进行分析。这一方法在文献[9]中称为“刚片代换法”，作者为凸显其趣味性，称之为“偷梁换柱”法。

这里再次强调“刚片代换法”或“偷梁换柱法”的前提：第一，被代换的部分几何不变；第二，代换前后刚片与体系其余部分的连接方式不变。此外，如果被代换的刚片中没有多余约束，则代换前后体系的多余约束数不变；如果被代换的刚片中含有多余约束，则代换后体系的多余约束数将比代换前减少，在给原体系的机动性质下最后结论时必须考虑这一点。

例如，如果将图 1.4a 中的结点 *G* 和 *H* 改为刚结点，所得到的体系（图 1.4b）仍可化为图 1.1a 进行分析，但是必须注意图 1.4b 中被代换的两个刚片 *ACD* 和 *CBE* 各含有 2 个多余约束，因而最后的结论应该是：图 1.4b 所示体系几何不变，且有 4 个多余约束。

还需要指出的是：“偷梁换柱”，除了上述两个前提外，并不要求代换前后的两个刚片具有相同的形状。例如，图 1.5a 所示的体系可以简化成图 1.5b，虽然图 1.5a 中的刚片 *ACDG* 和图 1.5b 中的铰接三角形 *ACD* 形状并不相同，但它们都是几何不变的，并且它们都是在 *A*、*C*、*D* 三个点与体系的其余部分铰接，被代换的刚片 *ACDG* 也没有多余约束，所以两个体系的机动性质是完全相同的。

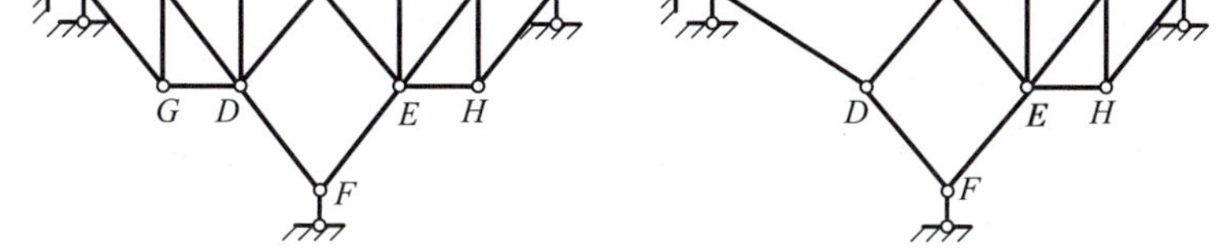

图 1.5

“偷梁换柱”法在静定结构内力计算中也有应用。计算自由度 $W=0$ 的体系，可以用零载法分析其几何组成，这时也有可能用得上“偷梁换柱”的技巧。关于这两方面的讨论，参见 2.11 节和 2.12 节。

1.3 “三十六计”之欲擒故纵

现将图 1.1a 所示的体系再稍稍变化一下，如图 1.6a 所示。注意问题已经发生了某种质的变化，并且它的难度又上了一个台阶：这个体系不仅不能用基本规则“顺藤摸瓜”地进行分析，而且这儿连“偷梁换柱”的功夫也无从施展。

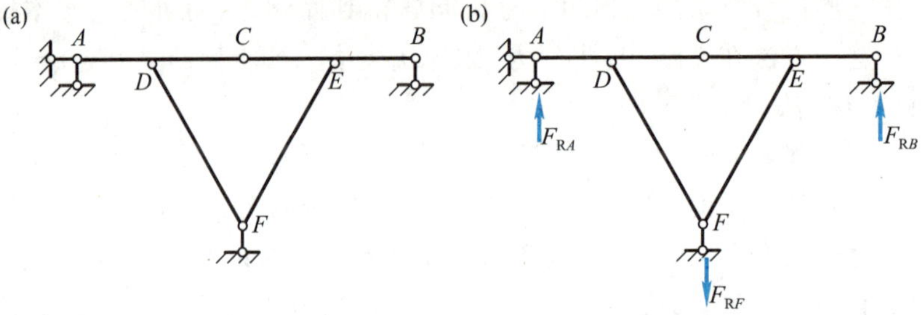

图 1.6

问题的难点在于：现在的刚片 ACD 与体系其余部分的三个连接点 A、C、D 在一条直线上，如果用 3 个链杆代换这个刚片，必须保证它们形成一个铰接三角形，即 A、C、D 三点不共线，这就改变了问题的原始条件。在这种情况下，强行“偷梁换柱”很可能导致错误的结论。

幸运的是，图 1.6a 与图 1.1a 相比，在变化之中有不变，二者的计算自由度 W 都是零，从而为零载法的应用留下了余地。

零载法的原理是：一个体系如果计算自由度 $W=0$ 并且又几何不变，它就是一个静定结构，因而在给定荷载作用下，它的满足平衡方程的反力和内力的解答是唯一的。如果给定荷载为零，则体系中的反力和内力也只能全部为零，因为在零荷载条件下，零反力和零内力显然是满足平衡条件的一组解答；根据唯一性，这组解答就是唯一正确的解答。

基于以上原理，在 $W=0$ 的前提下，如果体系在零荷载条件下不容许任何非零反力和内力存在，它就是几何不变的；反之，如果在零荷载条件下体系中可以存在任何非零反力和内力，它就是几何可变的。因此，对于 $W=0$ 的体系，“零荷载”可以用作检验其是否几何不变的“试金石”。

现在用零载法来分析图 1.6a 所示体系的几何组成。在零荷载条件下，设支座 F 处的反力为 F_{RF}。由整体平衡条件，支座 A 和 B 处的两个竖向反力方向相同,如图 1.6b 所示;分别取杆 AC、CB 为隔离体可知,它们在 C 端的剪力 F_{QCA} 和 F_{QCB} 方向也相同;再由结点 C 的平衡条件 $\sum F_y=0$ 可知,这两个剪力应该都等于零。按照上述思路倒推回去,得到 $F_{RF}=0$,并且由相应的平衡条件易知:体系中的所有反力和内力都为零。于是得出结论:图 1.6a 所示体系是几何不变的,并且没有多余约束。

在上面的例子中,我们仅对有关内力和反力的方向进行分析就得出了明确的结论,这是一种定性的判断方法。有时仅从力的方向上判断是不够的,还必须比较所设内力的大小,但只要不涉及定量计算,就仍属定性判断的范畴,见下面的例 1.2;在有的情况下,用零载法还需要一点定量计算,见本章第 1.5 节:"十七孔桥是几何不变的吗?"。

例 1.2 试分析图 1.7a 所示体系的几何组成。

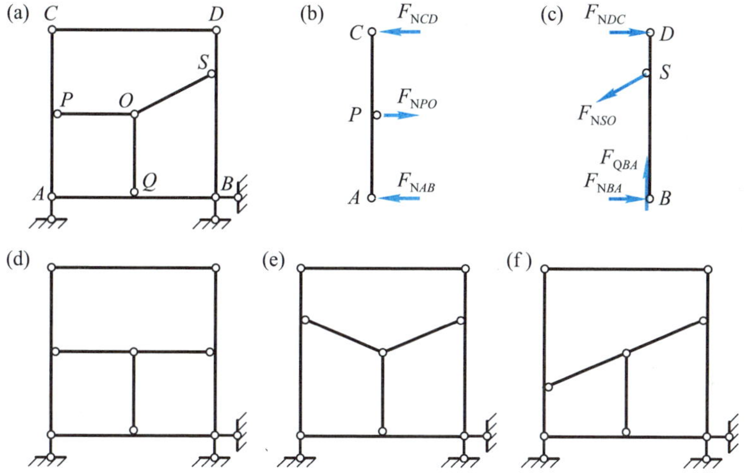

图 1.7

解 首先,体系的计算自由度为(将刚片 APC、AQB、BSD 和点 O 视为约束对象):

$$W=3\times3+1\times2-7\times1-2\times2=0$$

符合零载法的应用条件。在零荷载条件下,支座反力显然为零,因而在下面的讨论中可不予考虑。

在零荷载条件下,设二力杆 OS 的内力 $F_{NSO}\neq0$,不妨设为拉力,则由结点 O 的平衡条件,杆 OP 的内力也是拉力。分别取杆 AC、BD 为隔离体(图 1.7b、c),孤立地看,它们的平衡似乎是没有问题的;但是不能就此认为所设的非零内力是容许的,为了得出正确的结论,还必须将它们联系起来进一步加以考察。一方面,在二力杆 CD 中,有 $F_{NCD}=F_{NDC}$;杆 AB 虽不是二力杆,但由于它仅受横向力作用，其轴力沿杆长不变，故也有 $F_{NAB}=F_{NBA}$。另一方面，由杆 AC（图1.7b）的平衡条件可知，$F_{NCD}:F_{NAB}=l_{AP}:l_{PC}$（$l_{AP}$和 l_{PC}分别为杆段 AP 和 PC 的长度）；由杆 BD（图1.7c）的平衡条件可知，$F_{NDC}:F_{NBA}=l_{BS}:l_{SD}$（$l_{BS}$和 l_{SD}分别为 BS 和 SD 的长度）。而由图1.7a显然可见，$l_{AP}:l_{PC}\neq l_{BS}:l_{SD}$，于是导致矛盾。

由以上分析可知，F_{NOS}只能等于零，从而体系中的内力只能全部为零。结论：图1.7a所示体系几何不变，且无多余约束。

回答了以上问题之后，我们不难举一反三地得出结论：图1.7d、e所示的两个体系都是几何可变的，而图1.7f中的体系则是几何不变的。

在结束本节之前，还要特别强调零载法原理中“任何”这个用语的重要性，换言之，在 $W=0$ 和零荷载两个前提下，如果仅仅证明了体系的部分内力和反力只能是零，我们还不能断言体系几何不变。下面举两个例子。

图1.8a、b所示的两个体系，W 都是零，符合零载法的要求。对于图1.8a，在零荷载条件下很容易判断：除 AB 线上的三根杆件外，其余杆件都是零杆；对于图1.8b，也不难得出相同的结论，方法是：先设 $F_{NHI}\neq 0$（不妨假设为拉力），然后依次考虑结点 H、I、E、F、G 的平衡条件，可得出 AB 线上三杆的各杆轴力的符号，将它们标示在图1.8b中，我们发现结点 C 和 D 的平衡条件 $\sum F_y=0$ 是不能满足的，除非上述杆件的内力都是零。但是，如果根据以上分析而断定这两个体系都是几何不变的，那就大错特错了，因为在零荷载条件下，两个图中 AB 直线上的三根链杆中都可以存在任意的非零轴力，只要三杆的轴力相等。因此，这两个体系都是几何可变的。

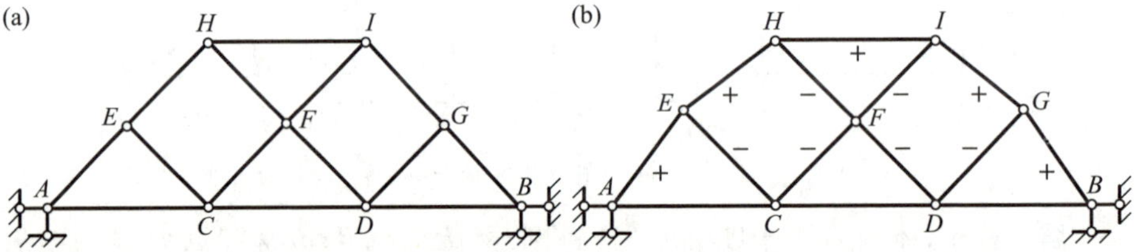

图1.8

最后解释一下本节的标题。我们的目的是要弄清一个体系是否几何不变，这是“擒”；为达此目的，我们不是采取“兵临城下”（施加荷载）的策略，而是不给它施加任何荷载，这是“纵”。“欲擒故纵”，这个名字确切不确切呢？读者如有更好的想法，望不吝赐教。

1.4 “三十六计”之移花接木

试分析图1.9a所示体系的几何组成。面对这样一个问题，开始你可能觉得它比较难,似乎属于不能简单地用基本规则分析的一类问题。但是,如果将它改画成图 1.9b,再转化成图 1.9c,问题就变得相当简单了:首先,上部结构与地基的连接方式符合两刚片规则的要求,因而可以脱离地基进行分析;其次,将△*ADG*、△*BEH* 和链杆 *CF* 分别看成刚片Ⅰ、Ⅱ、Ⅲ,它们两两之间分别以一对平行链杆联系,对应的虚铰都在无穷远处,而从射影几何学可知,三个无穷远铰必定共线;所以体系是几何可变的。

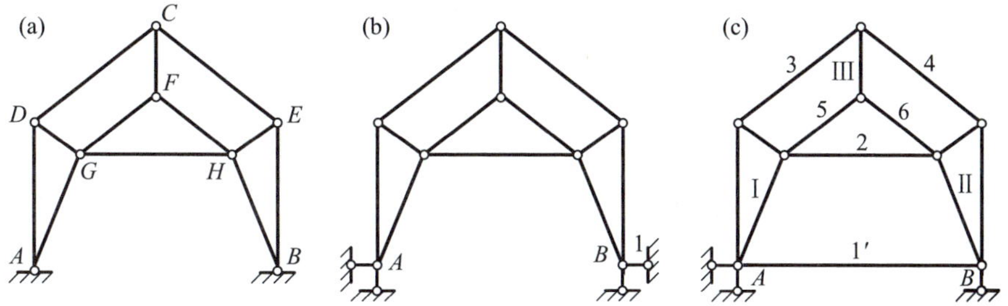

图 1.9

上述分析过程中的关键一步是将图 1.9b 转化成图 1.9c,从而使脱离地基分析成为可能。将图 1.9b 中支座 *B* 处的水平支杆 1 移去而接上图 1.9c 中的拉杆 1′,这就是所谓“移花接木”。这与拱结构中将一个支座的水平支杆用两个支座间的拉杆代替是类似的。与拱结构受力及变形分析略有不同的是,这里的拉杆是刚性的,因而两个图中支座 *B* 处的约束条件完全相同。

我们知道,“链杆”(单链杆)是一个相当广泛的概念,任何几何不变的物体(刚片),只要它与体系的其余部分仅以两个单铰相连,都可以视为一个链杆,而不管刚片的形状如何,即不管它是直杆、曲杆或具有更复杂的构造;仅就体系的几何组成而言,链杆的作用是使它所联系的两点之间的距离保持不变。如果我们对这一点认识得足够清楚并且敢于应用,则在本问题中,其实也可以将地基看成一个“链杆”,因而可以直接将图 1.9a 化为图 1.9c,也就无须进行什么“移花接木”的手术了。

以上只是本节的一个引子。下面来讨论“移花接木”的另一层含义。

例 1.3 试分析图 1.10a 所示体系的几何组成。

解 这是一个复杂体系,其几何组成无法用基本规则分析,但因为 $W=0$,可用零载法分析。为此,我们来考察支座 *G* 处的反力 $F_{RG}=X$ 在零荷载条件下是否一定为零。

将支座 *G* 处的支杆去掉,同时在结点 *D*、*G* 之间添加一根杆件(图 1.10b)。一减一加,体系的计算自由度仍然等于零,但是通过这样的“移花接木”,它已变成了一个可用简单规则判定为几何不变的体系(简单桁架)。

将图 1.10a 中支座 *G* 处的反力 *X* 施加于图 1.10b 所示体系的结点 *G*,并用

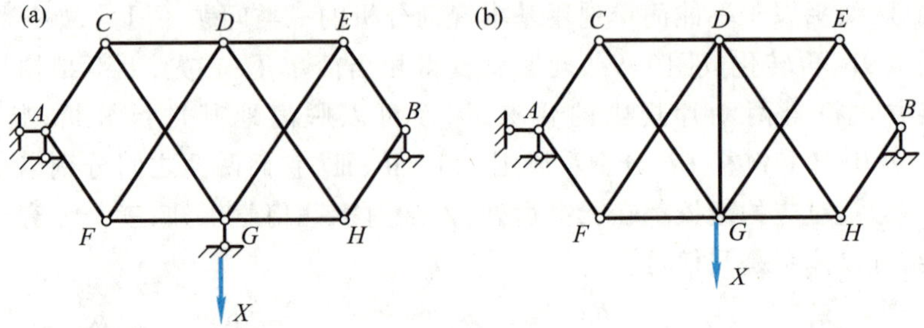

图 1.10

平衡条件求出 DG 杆的轴力 F_{NGD}。结果不外乎以下两种情况：

(1) $F_{NGD}=0$，这时图 1.10a 和图 1.10b 两个体系的受力状态完全相同，从而说明图 1.10a 中的 X 可以不为零，体系几何可变。

(2) $F_{NGD}\neq 0$，这说明缺少了 DG 杆的原体系（图 1.10a）在 $X\neq 0$ 作用下是不可能维持平衡的，因此原体系是几何不变的。

图 1.10b 中 DG 杆由于 X 而产生的轴力 F_{NGD} 可以这样计算：在结点 G 施加单位力 $\overline{X}=1$，计算 DG 杆中相应的内力（严格地讲是"内力系数"）f，则根据叠加原理，$F_{NGD}=fX$。为了使两个体系的受力状态完全相同，必须有 $fX=0$。这里，可能有两种情况：

(1) $f=0$，这时图 1.10a 中的 X 可为任意值（当然也可以是非零值），体系几何可变。

(2) $f\neq 0$，这时图 1.10a 中的 X 只能是零，体系几何不变。

以上例子的特点是：体系的内部缺一约束而外部多一约束，$W=0$；分析方法是先撤除外部多余约束而在内部适当增加一个约束，使体系成为一个简单的静定结构，然后给这个结构加上与被撤除的外部约束相应的单位力，计算新增杆件中的内力系数 f，则如果 $f=0$，原体系几何可变；反之，如果 $f\neq 0$，原体系几何不变。

以上方法还可以推广到内部缺 n 个约束而外部多 n 个约束的 $W=0$ 的体系。以图 1.11a 所示的 $n=2$ 的体系为例，设体系在零荷载条件下支座 G 和 H 的反力分别为 X_1 和 X_2。将外部的两个多余约束去掉而在内部增加两个必要的杆件 1 和 2，得到图 1.11b 所示的静定简单桁架；对简单桁架的结点 G 施加 $\overline{X}_1=1$，分别计算杆 1 和 2 中的内力 f_{11} 和 f_{21}，再对结点 H 施加 $\overline{X}_2=1$，分别计算杆 1 和 2 中的内力 f_{12} 和 f_{22}；根据叠加原理，在 X_1 和 X_2 共同作用下，要使两个体系的受力状态相同，必须有

$$\left.\begin{aligned} F_{N1} &= f_{11}X_1 + f_{12}X_2 = 0 \\ F_{N2} &= f_{21}X_1 + f_{22}X_2 = 0 \end{aligned}\right\} \tag{a}$$

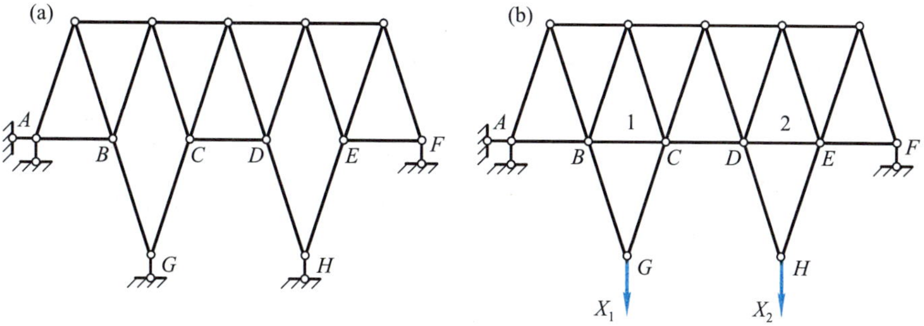

图 1.11

式(a)是一个关于两个未知量 X_1 和 X_2 的齐次方程组。由线性齐次方程组的理论可得以下结论：

(1) 如果方程组(a)的系数行列式 $D=0$,则 X_1、X_2 有非零解,原体系几何可变。

(2) 如果方程组(a)的系数行列式 $D\neq0$,则 X_1、X_2 只有零解,原体系几何不变。

顺便指出,如果说,对于图 1.10 所示的例子,还可以简单地用零载法对付,用不着什么“移花接木”之类的技巧的话,那么,本例中由于外部超静定次数的增加,用一用此类技巧就绝不是故弄玄虚了。这一方法在文献[9]中称为“杆件代替法”,它在静定结构的内力计算中也有用武之地,见 2.11 节。

1.5 十七孔桥是几何不变的吗？

去过北京颐和园的人,都会对昆明湖上的十七孔桥(彩图 1)留下深刻的印象。经历了这么多年的风风雨雨和众多游人的考验,它的几何不变性难道还有什么问题吗？在讨论这一问题之前,我们先来看一看图 1.12a、b、c 所示的三个

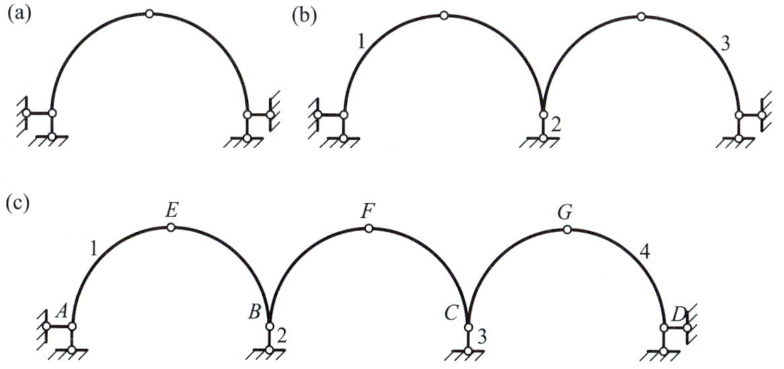

图 1.12

体系。

图 1.12a ——三铰拱，众所周知，它是几何不变的，且没有多余约束。

图 1.12b ——这一体系不妨称为“两跨五铰拱”，将中间的刚片视为约束对象，它与地基以“链杆”1、2 和 3 相连（这里将杆 1 和 3 也称为链杆，是因为一根杆件，无论是直杆还是曲杆，只要它仅在其两端与体系的其余部分铰接，都可以看作链杆。下面不再说明），由体系的对称性可知，这三根链杆交于一点，因此体系几何可变（瞬变）。

图 1.12c ——“三跨七铰拱”，将中间的两个刚片和地基视为约束对象，链杆 1 和 2、3 和 4 分别相当于两个虚铰，这两个虚铰和另一个铰（实铰 F）并不共线，因此它是一个几何不变，且没有多余约束的体系。

爱动脑筋的读者很自然地会思考这样一个问题：对于按以上规律形成的、有 $2n+1$ 个铰的 n 跨拱式体系（图 1.13）进行几何组成分析，将会得出怎样的结论呢？如果颐和园的十七孔桥采用的也是这样的体系，它是几何不变的，还是几何可变的呢？

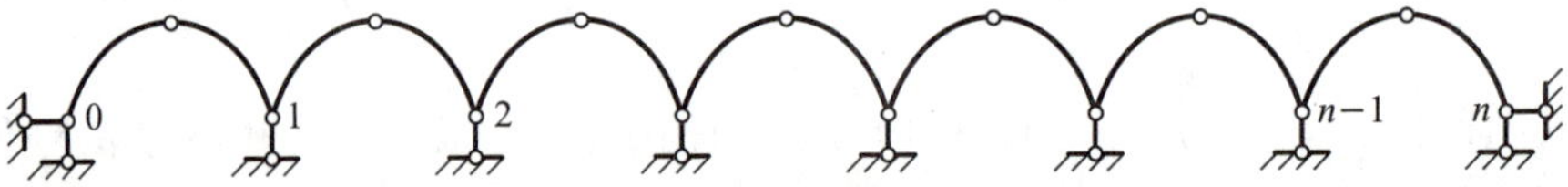

图 1.13

从上面的“不变—可变—不变”交替出现的分析结果也很自然地会产生这样一个猜想：当 n 为奇数时，体系几何不变，且没有多余约束；当 n 为偶数时，体系几何可变（瞬变）。因此，十七孔桥采用这样的体系是没有问题的。这一猜想是否正确呢？

当 $n>3$，相应连拱体系的几何组成已不能用基本规则进行分析。但是，无论拱的跨数 n 等于多少，体系的计算自由度都是零（n 跨拱中有 $n+1$ 个刚片、n 个顶铰和 $n+3$ 根支杆，$W=3(n+1)-2n-(n+3)=0$），因而都可以用零载法来判断其是不是几何可变。

设各跨的跨度相等。为简便起见，下面只对各跨均为半圆拱（高跨比为 1:2）的情况用零载法进行分析。

参考图 1.12c。设在零荷载条件下，左右两个边支座的水平推力为 F_H。取顶铰 E 左边的部分为隔离体，由平衡条件 $\sum M_E=0$ 可得 $F_{AV}=F_H(\uparrow)$；其次，取顶铰 F 左边的部分为隔离体，由 $\sum M_F=0$ 可得 $F_{BV}=2F_H(\downarrow)$；依此类推，各内部支座的竖向反力从左向右依次为 $2F_H(\downarrow)$，$2F_H(\uparrow)$，…，即数值均为 $2F_H$ 而方向交替改变。同理，从右向左，第一个支座（边支座）的竖向反力为 $F_H(\uparrow)$，内部支座的竖向反力依次为 $2F_H(\downarrow)$，$2F_H(\uparrow)$，…。

当 n 为奇数时，以上按不同方向分析所得的结论是相互矛盾的。仍以图

1.12c 所示的三跨拱为例,从左向右分析,有 $F_{BV}=2F_{H}(\downarrow)$,$F_{CV}=2F_{H}(\uparrow)$,而从右向左分析,则有 $F_{CV}=2F_{H}(\downarrow)$,$F_{BV}=2F_{H}(\uparrow)$,同一支座处的反力按不同方向分析所得结果互相矛盾,因此只有当 $F_{H}=0$,从而所有的反力和内力都等于零时,才能满足所有的平衡条件。当 n 为其他奇数时,从左向右与从右向左分析所得的内部支座的竖向反力的方向也是完全相反的,因此只有让所有的反力和内力都等于零,才能满足平衡条件。所以,当 n 为奇数时,体系是几何不变的。

当 n 为偶数时,结构中有一个内部支座正好位于对称轴上(称为“轴支座”),因而奇数跨情况下的矛盾不会出现。下面分两种情况讨论,仍设边支座水平推力为 F_{H}。

(1) 若 $n=4k(k=1,2,3,\cdots)$,则边支座竖向反力为 $F_{H}(\uparrow)$,轴支座竖向反力为 $2F_{H}(\uparrow)$,两个边支座与轴支座的竖向反力的合力为 $4F_{H}(\uparrow)$;除轴支座外,余下的内部支座有奇数对,它们的竖向反力的合力为 $4F_{H}(\downarrow)$,正好与边支座及轴支座的竖向反力平衡。

(2) 若 $n=4k-2(k=1,2,3,\cdots)$,则边支座竖向反力为 $F_{H}(\uparrow)$,轴支座竖向反力为 $2F_{H}(\downarrow)$,两个边支座与轴支座的竖向反力的合力为 0;余下的中间支座有偶数对,它们的竖向反力的合力也为 0。

综合以上分析可见,只要 n 为偶数,则结构在零荷载条件下存在非零的反力和内力是允许的,因而体系是几何可变的。

对于连拱体系的较复杂的情况,例如跨度不等、高度不等的情况,分析方法是类似的,但过程和结论相对复杂。参见第二章 2.12 节:“偷梁换柱”说连拱。

我们知道,三铰拱在竖向荷载作用下对支座产生水平推力。如果将一系列相同的三铰拱“串连”起来,如图 1.12b、c 及图 1.13 所示,则在内部支座处因为“左右两边的水平推力相互抵消”,似乎没有必要设置水平支杆。从上面的分析可知,这一想法并不总是正确的。在偶数跨的情况下,即使各跨都受相同的对称荷载作用,从而在内部支座处两边的水平推力确实可以相互抵消,这种平衡也是不稳定的。

本例说明,在结构体系的设计中,将某些特殊情况下的结论简单地加以推广可能是危险的。例如,如果从图 1.12c 所示的三跨拱的几何不变性得出结论,认为类似的任意跨的连拱体系都是几何不变的,就有可能导致灾难性的后果。

中国古代石拱桥中,奇数跨的占大多数,但也有少数为偶数跨的。这些偶数跨的石拱桥,为什么也能历久不倒呢?不是说它们几何可变吗?请注意我们的假定,即拱桥采用的是图 1.13 所示的体系。在图 1.13 中,只要我们将任意一跨的顶铰改为刚结点,就将它变成了一个与跨数的奇偶性无关的几何不变体系(有一个多余约束)。偶数跨的石拱桥采用的肯定不是图 1.13 所示的体系,而是约束有所增加的体系。

1.6 瞬变体系有哪些特点?

几何可变体系可以分为瞬变体系和常变体系两类。关于瞬变体系的定义,常见的提法是:“如果一个几何可变体系在发生微小的机构运动后成为几何不变体系,那么这个体系就称为瞬变体系;反之,如果一个几何可变体系在发生微小的机构运动后仍然几何可变,那么这个体系就称为常变体系”。

在图1.14a中,杆 AC、BC 和地基以三个位于同一直线上的铰 A、B、C 两两相联,构成了一个典型的瞬变体系,虽然体系的计算自由度为零,但如果允许杆件发生微小的变形,则铰 C 仍可在竖直方向发生微小的位移,如图中的虚线所示。发生微小位移后,三铰不再共线,体系就变成几何不变的了。这样的体系在竖向荷载作用下的“表现”如何呢?

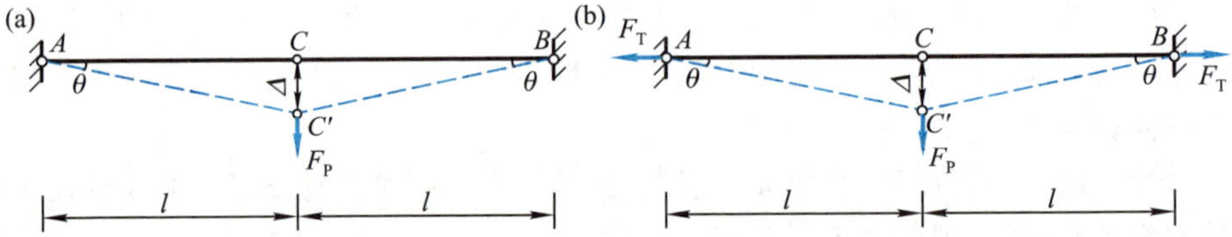

图1.14

设杆 AC、BC 的横截面面积均为 A,材料的弹性模量均为 E。由于对称性,结点 C 在竖向荷载 F_P 作用下只产生竖向位移,相应的,杆 AC、BC 各自绕着结点 A 和 B 发生大小相等而方向相反的转动。设转角为 θ,结点 C 的竖向位移为 Δ,则由几何关系并考虑 θ 为微量这一因素,可得

$$\Delta = l\tan\theta \approx l\theta \tag{1.1}$$

杆 AC 和 BC 的伸长均为

$$\delta = l(\sec\theta - 1) \approx \frac{l}{2}\theta^2 \tag{1.2}$$

杆 AC 和 BC 的内力为

$$F_{NAC} = F_{NBC} = \frac{EA\delta}{l} \approx \frac{EA}{2}\theta^2 \tag{1.3}$$

杆件变形后结点 C 移到了 C'。在这个位置上考虑其平衡条件,不难得到

$$F_{\mathrm{P}} = 2F_{NAC}\sin\theta \approx EA\theta^3 \tag{1.4}$$

分别比较式(1.1)和(1.2)及式(1.3)和(1.4)，可得

$$\frac{\Delta}{\delta} \approx \frac{2}{\theta} \tag{1.5}$$

$$\frac{F_{NAC}}{F_{\mathrm{P}}} = \frac{F_{NBC}}{F_{\mathrm{P}}} \approx \frac{1}{2\theta} \tag{1.6}$$

由以上分析可以归纳出瞬变体系的下述力学特性：

(1) 在瞬变体系中，构件的变形和体系的位移不是同一个量级的量，构件的微小变形能使瞬变体系产生显著的位移。从式(1.5)可见，与变形 δ 相比，位移 Δ 为“无穷大”。反过来，若位移 Δ 为微量，则变形 $\delta = \Delta\theta/2 = \Delta^2/(2l)$，是高阶微量。

(2) 类似地，在瞬变体系中，荷载和体系的内力也不是同一个量级的量，很小的荷载能在瞬变体系中引起很大的内力。从式(1.6)可见，与荷载 F_{P} 相比，内力 F_{NAC} 和 F_{NBC} 为“无穷大”。

在下节中，我们还将归纳出瞬变体系的第三个力学特性。

应该指出，前面关于瞬变体系定义的常见提法并不是十分确切的。问题在于，几何组成分析是在假定体系中的所有构件都是刚体的前提下进行的，而对于瞬变体系，如果将它的构件(例如图 1.14a 中的杆 AC 和 BC)都假定为刚体，则所谓“微小的机构运动”是不可能发生的，换句话说，体系的“微小的机构运动”必然伴随着构件的变形(尽管这种变形相对于“微小的机构运动”来说是高阶微量)。关于瞬变体系的定义，文献[9]有详尽的讨论，为了解决“刚体”和“变形”的矛盾，该书作者建议了两种提法：

(1) 几何可变体系发生微小位移后即成为几何不变者(注：此时构件有高阶微量的变形)称为瞬变体系。

(2) 一个几何可变体系，若在其可变方向上与之邻近而组成方式相同的体系为几何不变，则该几何可变体系称为瞬变体系。

以上两种提法无疑比常见的提法严密。

1.7 几何可变体系真的“不能用作结构”吗？

一般说来，几何可变体系(包括常变体系和瞬变体系)是不能用作结构的。但是，随着高强材料和预应力技术的应用，这一“禁区”已被突破。在房屋和桥梁工程中得到应用的悬索结构就是一个典型的例子。图 1.15a、b 是两个索桁架

的计算简图,其中图 1.15b 所示体系的计算自由度 $W=1$,显然几何可变(常变);图 1.15a 所示体系的 $W=0$,用三刚片规则分析可知,它也是几何可变(瞬变)的(请读者自行分析)。但是,如果给这两个体系施加足够的预应力(张拉力),它们就被赋予了一定的承载能力,从而转化成了可用的结构。因此,笼统地说"可变体系不能用作结构"是不准确的,应该将它修正为:"在不存在足够的预应力的情况下,可变体系是不能用作结构的。"

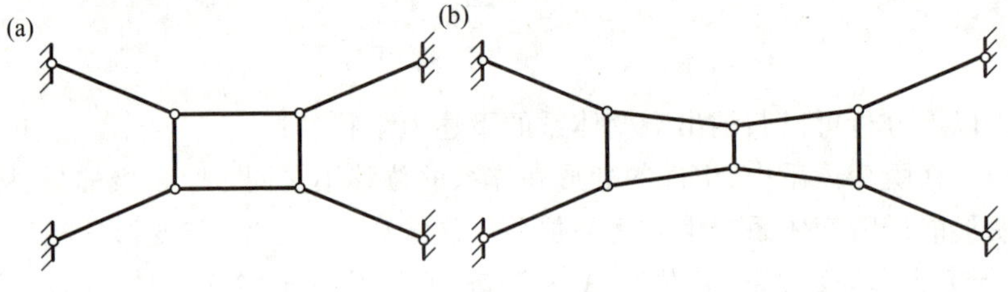

图 1.15

预应力为什么会如此神奇,竟能"点石成金",给原本没有"资格"充当结构的几何可变体系赋予了这一资格呢?下面仍以图 1.14 所示的瞬变体系为例来讨论这一问题。

由第 1.6 节的讨论我们已经了解到瞬变体系的两个力学特性,即

(1) 构件的微小变形能使瞬变体系产生显著的位移;

(2) 很小的荷载能在瞬变体系中引起很大的内力。

显然,无论从强度还是刚度的角度考虑,瞬变体系用作结构都是很不利的。对于图 1.14a 所示的体系,比较式(1.1)和(1.4),还有

$$k=\frac{F_{\mathrm{P}}}{\Delta}\approx\frac{EA}{l}\theta^{2} \tag{1.7}$$

式中 k 是荷载与相应位移的比值,称为体系的刚度系数。从式(1.7)可见,若位移 θ 为一阶微量,则刚度为二阶微量。由此可得瞬变体系的另一个力学特性:瞬变体系在其可变方向上的刚度可以忽略,或者简单地说,瞬变体系在其可变方向上没有刚度。

正是由于以上特性,通常认为瞬变体系不能用于工程结构。(当然常变体系就更不能用了!)预应力的引入有条件地改变了瞬变体系和常变体系的"命运"。

图 1.14b 与图 1.14a 其他条件相同,但在杆件中预先施加了拉力 F_{T},称为预张力,杆件中相应的预应力 $\sigma=F_{\mathrm{T}}/A$。在不受荷载作用时,两根杆件在一条直线上,体系中的预张力自成平衡;当体系受荷载 F_{P} 作用时,杆件发生转动,预张力在体系变形后的位置上与荷载平衡,即

$$F_P = 2F_T\sin\theta \approx 2F_T\theta \tag{1.8}$$

比较式(1.1)和(1.8)可得

$$\frac{F_P}{\Delta} \approx \frac{2F_T}{l} \tag{1.9}$$

式(1.9)表明，施加预张力或预应力以后，在微小位移的假定下，体系的一部分刚度与预张力成正比，相应的刚度系数成为有限量，而不再是施加预张力前的与位移有关的微小量(高阶微量！)，这样，它就具有了与一般的静定或超静定结构相同的力学特性。

在写平衡方程(1.8)时，我们忽略了因杆件伸长而引起的张力的改变，因为由式(1.3)可知，这种改变是微小的。严格地说，体系的刚度包含两部分：一部分与杆件的弹性变形有关，用式(1.7)表示，称为“弹性刚度”；另一部分与预张力有关，用式(1.9)表示，称为“几何刚度”。对于瞬变体系，其抵抗某种变形的弹性刚度是微小的，因而可以忽略不计；体系的该项刚度主要由预张力或预应力提供，在外荷载作用下，体系主要通过改变其几何形状达到平衡状态，而其内力基本不变，这也是相应的刚度称为“几何刚度”的缘由。

以上通过一个十分简单的例子，分析了通过施加预应力使存在刚度几乎为零的“软肋”、基本不具备承载能力的瞬变体系转化为“软肋”不软、可以承受一定荷载的结构的原理。例子虽小，可以见大，其原理对于通过预应力获得刚度的其他类型的结构也是适用的，只不过形式有差异，计算有繁简而已。

在一定条件下，常变体系也可以通过预应力获得刚度，变为结构。这里的关键问题是施加预应力的可能性是否存在。例如，对于图1.15b所示的常变体系，在荷载为零的情况下，任意假定其中一根杆件(例如中间竖杆)的轴力，考虑各结点的平衡条件，可以求得所有杆件的相应轴力而不导致矛盾(读者不妨试一试)，这就说明，按这种比例对体系施加预应力是可行的。

在零荷载的情况下，体系中各杆件内力的比例称为“预应力模态”或“自应力模态”。有的体系中可能存在多个相互独立的预应力模态，例如图1.16所示体系中就存在两个独立的预应力模态：

(1) 上边的两根水平杆件受相同的拉力，其余杆件的内力为零。

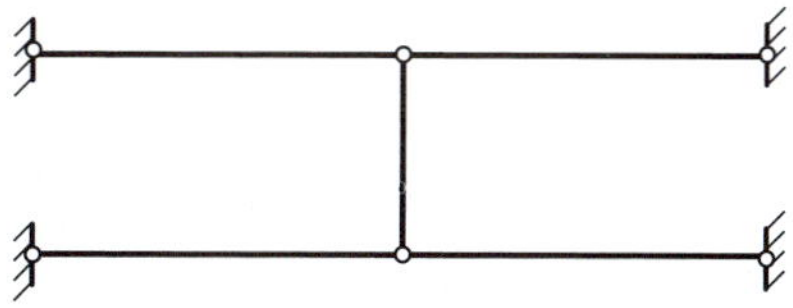

图1.16

(2) 下边的两根水平杆件受相同的拉力,其余杆件的内力为零。

上下两组杆件同时受拉的情况可以看作这两个模态的线性组合。这与结构动力学中的振型是类似的(振型有时也称为模态)。

与上述体系不同的是,静定结构中不存在预应力模态(参见 1.2 节中关于零载法的讨论),因此对静定结构施加预应力是不可能的,除非引进附加约束,将它变成超静定结构。在超静定结构中,由于存在多余约束,预应力模态总是存在的。例如,要对图 1.17a 所示的简支梁施加预应力以改善其抗弯性能,最简便的做法是在其中性轴下方与中性轴平行地加一根“预应力筋”,使梁变成超静定结构,其计算简图如图 1.17b 所示(这里为了表达清楚起见,将梁的竖向支杆移到了轴线上方,这并不改变梁的受力状态),其中 e 为预应力筋到梁的中性轴的距离,F_T 为预张力;张拉预应力筋,可以使梁产生与正常工作荷载作用下相反的应力和变形。图 1.17c 是梁在荷载和预应力共同作用下的弯矩图。

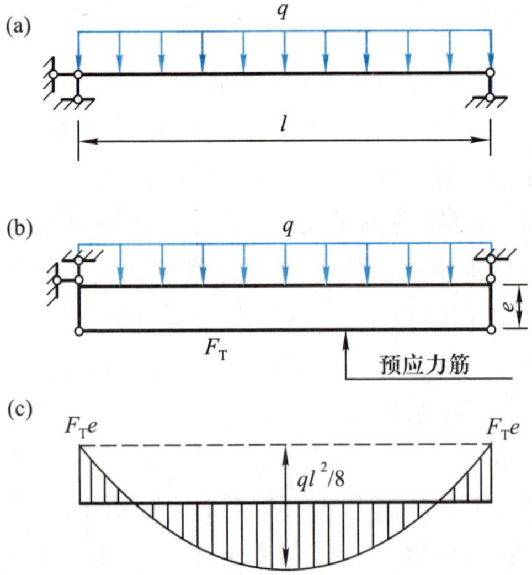

图 1.17

对结构施加预应力,有两个主要目的:第一,提高结构原有的刚度(减小结构的变形);第二,调整结构各部分的内力,提高结构的承载能力。对于混凝土结构,预应力可以改进其抗裂性能。这些作用结合图 1.17 所示的例子可以得到很好的说明,这里从略,留给读者自己去思考。此外,预应力还可以提高结构的稳定性,参见第 5.7 节。

如上所述,给几何可变体系施加预应力而使其成为结构,首先必须存在施加预应力的可能性,也就是体系中必须存在“预应力模态”或“自应力模态”,这是几何可变体系能够充当结构的第一个条件;此外,体系在不受荷载作用的情况下已经存在很大的应力(预应力),在受荷载作用后其应力还要有所增加(至少是部分地有所增加，例如图 1.15a、b 所示的两个索桁架中，如果荷载竖直向下作用，则桁架上弦杆中的拉应力将变大而下弦杆和腹杆中的拉应力将变小），这就要求组成体系的材料具有很高的强度，这是几何可变体系能够充当结构的第二个条件。

1.8 什么是“机构位移模态”？

图 1.18a 表示一个由三根链杆组成的几何可变体系，它可以发生以下两种不同形式的机构运动，或者机构位移：

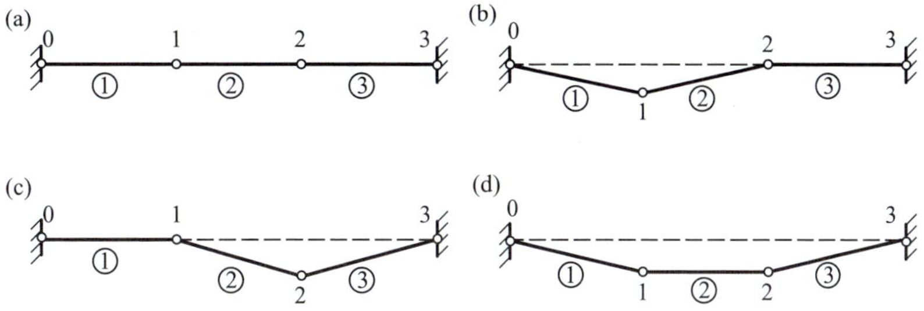

图 1.18

（1）结点 1 发生竖向位移而结点 2 不动（图 1.18b）。

（2）结点 2 发生竖向位移而结点 1 不动（图 1.18c）。

这两种机构位移形式也称为机构位移模态，它是与预应力模态对偶的一个概念。图 1.18d 所示的机构位移可由图 1.18b 和 c 所示的两种机构位移模态的线性组合或叠加得到，因而不是独立的机构位移模态。一个几何可变体系可能有多个独立的机构位移模态，例如图 1.18a 所示的体系就有两个独立的机构位移模态。

在上节（第 1.7 节）中看到，体系的预应力模态的个数与计算自由度之间并没有确定的联系。例如，图 1.14a、图 1.15a 和 b、图 1.16 所示的 4 个体系，计算自由度分别等于 0、1、0 和 −1，预应力模态的个数分别为 1、1、1 和 2；图 1.18a 所示体系的计算自由度为 1，预应力模态的个数也为 1（该模态 3 根杆件的轴力相同）。

我们可以总结出关于计算自由度和预应力模态个数的一些定性的结论，例如：静定结构的计算自由度总是等于 0，预应力模态数也总是等于 0；超静定结构的计算自由度总是小于 0，预应力模态数总是大于 0；几何可变体系的计算自由度可能大于、小于或等于 0，其预应力模态的个数也可能大于、小于或等于 0，但预应力模态数与计算自由度之间的关系并不确定。

同样，体系的机构位移模态数与计算自由度之间也没有确定的联系。图

1.14a、图1.15a和b、图1.16和图1.18a所示的5个体系的机构位移模态数分别为1、1、2、1和2。静定结构和超静定结构计算自由度不同，但它们都是几何不变体系，因此机构位移模态数都为0。几何可变体系的机构位移模态数必定大于0。

关于体系的预应力模态数和机构位移模态数的确定，本书不准备深入讨论，下面仅以平面铰接直杆体系为例作一简单的介绍。

设体系中共有 j 个结点（不包括支座结点）、b 根链杆。对每个结点可以写出2个平衡方程，因此共有 $n=2j$ 个平衡方程。这 n 个平衡方程组成一个方程组，其中的未知量为链杆的轴力，因此未知量的个数为 b。由以上分析可知，平衡方程组的系数矩阵为 $n\times b$ 阶矩阵，一般称为平衡矩阵。设平衡矩阵的秩为 r，则体系的预应力模态数 s 和机构位移模态数 m 分别为

$$s = b - r \tag{1.10}$$

和

$$m = n - r \tag{1.11}$$

平衡矩阵的秩也就是平衡方程组中所含的独立的平衡方程的个数。前面讨论过的5个例子，结点数分别为1、4、6、2和2，链杆数分别为2、8、11、5和3，平衡矩阵的秩分别为1、7、10、3和2，读者试用式(1.10)和(1.11)计算它们的预应力模态数和机构位移模态数。

我们知道，平面铰接杆系的计算自由度 $W=n-b$。根据式(1.10)和(1.11)，虽然 W 与 s、m 之间都没有确定的联系，但 W 与 s 和 m 的差之间的关系却是确定的，即

$$W = m - s \tag{1.12}$$

当 $W=0$ 时，由式(1.12)可得 $m=s$，即体系的机构位移模态数和预应力模态数相等。在 $W=0$ 的情况下，如果 $s>0$，即体系存在预应力模态，则必有 $m>0$，即体系存在机构位移模态；反之亦然：如果 $s=0$，则必有 $m=0$。这就再一次证明了零载法的正确性，因为体系存在预应力模态($s>0$)也就是体系在零荷载的情况下可以存在非零内力，而体系存在机构位移模态($m>0$)也就是几何可变。

顺便指出，图1.18a所示的体系无论按照哪一种模态或它们的线性组合发生微小运动，如图1.18b、c、d所示，在新的几何位置上，杆件②都仍然可以绕着杆件①和③或它们的延长线的交点发生微小的转动（当杆件①和③平行时，杆件②可在与它们垂直的方向发生微小的移动）。因此，不管体系如何运动，它永远不会变成几何不变体系，尽管体系在任何一个新的位置上都只能发生微小的运动。可见，不管对瞬变体系采用何种定义（参见第1.4节），该体系都只能认

为是常变体系。实际上,因为瞬变体系可以经历微小的机构位移而成为几何不变体系,故必有 $W \leqslant 0$;而图 1.18a 所示体系的计算自由度 $W > 0$,仅从这一点看,该体系也不可能是瞬变的。

有趣的是,通常关于常变体系的定义是体系可以发生“大位移”或体系的位形可以发生“有限量变化”,而图 1.18a 所示的体系只能发生微小运动,因此按照此类定义,它算不得常变。但是,如果从它无论怎样运动都成不了几何不变体系,也就是“永远可变”这一点来说,它又确实是一个常变体系。这也算是结构力学中的一个“悖论”吧!

1.9 “攀达穹顶”——几何可变体系大显神通

通过第 1.7 节的讨论,我们已经看到,几何可变体系并不总是那么“无用”,借助于预应力,它们有可能从“无用”变成“有用”。不但如此,在这一节我们还将看到,有时人们会故意去掉几何不变体系中的部分必要约束,使它变成几何可变体系,从而达到某种特殊的目的,例如给施工带来很大的方便。

图 1.19c 是一个几何不变体系——拱式桁架。这个桁架由于跨度、高度和自重都比较大,无论是用杆件在空中拼装(称为“高空散装”)或在地面拼装后整体吊装都有一定的困难。为了克服这一困难,人们想出了另一个施工方案,该方案分为以下几步:

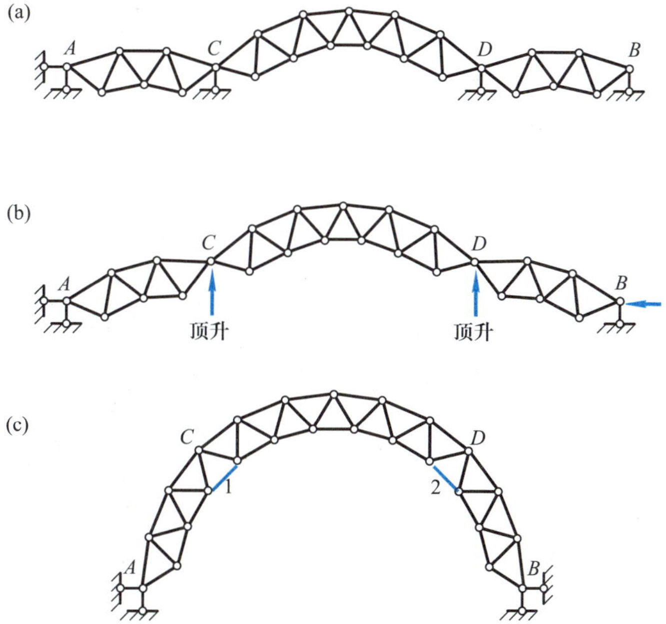

图 1.19

第一步，在地面上拼装桁架的部件 AC、CD 和 DB，并将三个部件铰接起来，如图 1.19a 所示，如果拆除两个临时支座 C 和 D，就得到一个具有两个机构位移模态的体系。

第二步，向上提升或顶升 CD，在此过程中 AC、DB 分别绕着支座 A、B 转动，同时支座 B 向左移动（也可以配合提升或顶升，将支座 B 向左推动），如图 1.19b 所示。

第三步，在上述三个部件到达它们的设计位置以后，在 AC 和 CD 之间、CD 和 DB 之间分别安装杆件 1 和 2，并且在支座 B 添加水平约束，就形成了所需要的结构，如图 1.19c 所示。

在以上施工过程中，由于将结构分解成了较小的部件，无论是拼装还是吊装，难度都减小了；各部件组成可变机构，在提升或顶升的过程中它们的动作容易协调和控制，也给施工带来了方便。

以上例子中所包含的概念是日本学者川口卫（Kawaguchi）于 1984 年首次提出并应用于实际工程的，称为“攀达穹顶（pantadome）”体系。这一方法和原理可以推广应用于柱面网壳或穹顶式网壳等空间结构的施工。

例如，为了安装图 1.20c（剖面图）、d（平面图）所示的球面网壳，暂时不安

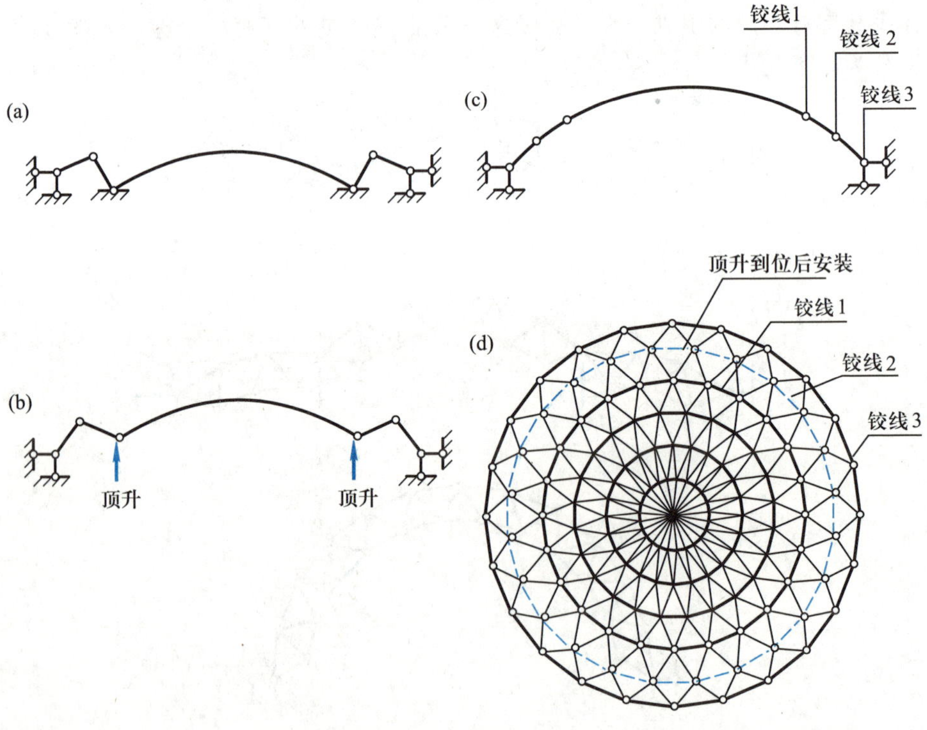

图 1.20

装图 1.20d 中虚线所示的一圈杆件，使网壳变成具有三条圆形“铰线”的几何可变体系，从而可以在较低的位置先对它的其余部件进行拼装（图 1.20a）；其次，将安装好的机构从地面顶升（图 1.20b）；最后，安装图 1.20d 中虚线所示的一圈杆件，网壳的全部安装工作就完成了。

由第 1.7 节和本节的讨论可见，千万不要因为一句“几何可变体系是不能用作结构的”就把几何可变体系当成“废物”，将它们排斥于我们的视野之外。封闭式、绝对化的思维，实在是创造性的大敌。

1.10 太极高手——荷载缓和体系

现在来看几何可变体系应用于工程的另一个例子——荷载缓和体系（load relieving system），它是英国学者于 20 世纪 80 年代提出的一个结构设计概念，其要点是在结构中引入某种可动装置，由于这种装置的运动，当荷载增大时，结构的形状可以发生很大的改变而内力却基本维持不变。在极端情况下，即当荷载很大时，结构的变形可以大到使结构的主要部分暂时退出工作（但并未破坏），在荷载减小后，结构又能恢复正常的工作状态。

图 1.21 是说明荷载缓和体系工作原理的一个简图。体系由立柱、悬索、滑轮和重物组成，如果不考虑摩擦，则悬索的张力始终等于重物的重量。体系随荷载变化的情况可以概括为以下几点：

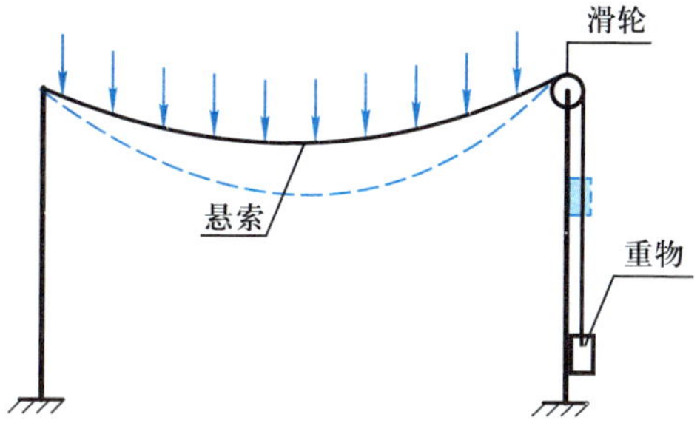

图 1.21

（1）荷载增大，重物被提起，同时悬索的垂度增大，达到新的平衡位置。

（2）荷载增大到一定程度以后，悬索的一部分触及地面，结构退出正常使用状态。

（3）荷载减小，由于重物的作用，悬索回升到相应的位置，恢复正常使用状态。

从图 1.21 可以看出：随着荷载的增加，柱顶受到的来自悬索的水平作用力基本不变，甚至有所减小。这一点对于悬索结构具有特别重要的意义，因为悬索结构的特点之一是它的边缘支承构件及基础要承受很大的水平力,因而它们的造价一般要在总造价中占有很大的比例,这往往成为限制此类结构应用的一个重要因素。引入荷载缓和体系,可在罕遇荷载发生时将悬索张力维持在一个较低的水平上,从而有利于以悬索结构为代表的张拉结构的推广。

荷载缓和体系是“结构”和“机构”的组合体,它所能发生的变形和位移之大远远超出了通常所说的“大位移”和“大变形”的范围,其中可动机构起着关键的作用。除了图 1.21 所示的简单悬挂的重物外,可动机构还可以采用其他形式,如图 1.22a、b 所示。在图 1.21 中,索的张力始终等于重物的重量;而在图 1.22a、b 中,索张力 F_T 随装置位置的变化而改变,当重物上升时,F_T 的值可能增大,也可能减小。

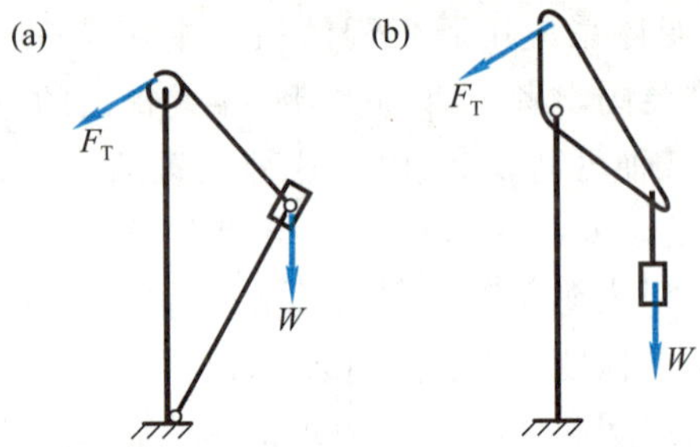

图 1.22

荷载缓和体系在荷载作用下表现出的高度柔性颇像中国传统武术中的太极拳,其特点是“以柔克刚”;而在温度变化时,它又表现出相反的一面:不变形。从图 1.21 可见,当温度升高时,悬索伸长并松弛,但只要荷载不变,在重力的作用下,重物将下降,释放伸长的部分;温度下降时情况正好相反。无论温度如何变化,悬索的形状都不会改变。“不变”来自于“变”,就是重物的高度和悬索在滑轮外侧部分的长度的变化。

荷载缓和体系的“柔性”和“刚性”在工程中都得到了应用。相对来说,对它的“刚性”的应用要成熟得多。读者如果乘火车走过电气化铁路,请在火车进站前或出站后速度较低时留意一下列车上方动力输电线(称为“接触网”)的悬挂方式。为了使接触网始终保持一定的高度和张紧度,从而与机车的引入线保持良好的接触,就采用了类似于图 1.21 的荷载缓和体系(彩图 2)。

关于荷载缓和体系的“柔性”,不难想到它所适用的场合应该有以下两个主要特点:

(1) 结构自重较轻,而在它的使用年限内可能会遭遇大大超过其自重的活载(例如特别大的雪载)。这种活载或者是作用时间较短,或者是出现的概率较小,或者二者兼而有之,因此为防御这种荷载而采取的任何加强措施都会显得很不经济。

（2）结构在上述荷载出现期间产生可恢复的超大变形，甚至暂时退出工作，可以为用户所接受。

应该说，能满足以上条件的场合不是太多，特别是第二条难以满足。但这样的场合也不是绝对没有。20 世纪 80 年代初，在英国的曼彻斯特就建成了这样一个构筑物（图 1.23）。

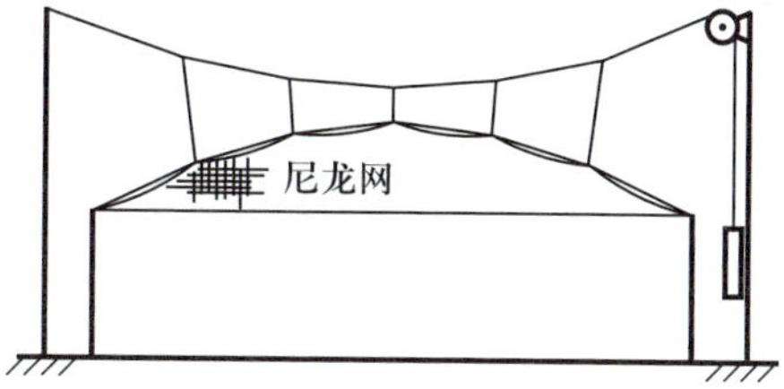

图 1.23

该构筑物是一个主要以金属回收为目的的垃圾中转站。它的“屋盖”是网眼尺寸为 50 mm × 50 mm、外形好似一个倒扣着的摇篮的尼龙绳网，覆盖面积 36 m × 36 m；“屋盖”悬挂在 6 条相互平行的悬索上，每条悬索由一对 15 m 高的立柱支承。这一“屋盖”可以阻止垃圾飞扬和海鸟出没，并且起到了一定的遮挡视线、利于观瞻的作用，满足了使用者的需求（业主并不要求它具备遮风挡雨的功能）。但是，在冬季恶劣的天气里，绳上可能结冰，从而使屋盖变重；结冰使网眼变小，还可能导致网上积雪。这样，屋面活载就有可能大大超过它的自重。尽管出现这种情况的可能性并不很大，但设计者却不得不防。显然，为了抵御这种不大可能出现的短期活载而按常规设计方法去设计悬索、柱和基础，是很不经济的。

针对以上情况，设计者采用了图 1.23 所示的方案，悬索、柱和基础基本上只按屋盖的自重设计，它能在冰雪之下缓慢地“坍塌”而在冰雪消融后又恢复常态。这种暂时的“坍塌”是使用者能够接受的，因为在那种恶劣的天气里及相应的道路条件下，垃圾转运的工作通常也陷于停顿了。这是工程中实际应用荷载缓和体系的柔性的一个成功范例。虽然工程本身远远称不上伟大，但它所包含的设计思想却是独树一帜的。

第2章

静定结构的内力计算

2.1 考虑分布力偶荷载的微分关系

在讨论这一问题之前，让我们先来看一个例题。

例 2.1 图 2.1a 所示简支梁在左半跨受集度为 m 的均布力偶荷载作用，试作其弯矩图、剪力图。

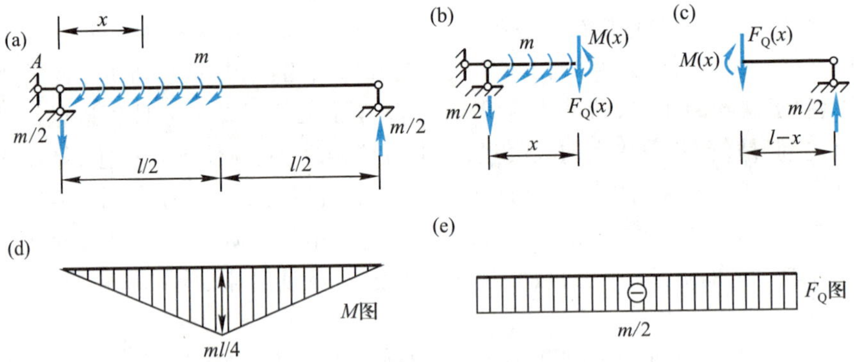

图 2.1

解 利用梁的整体平衡条件求得两个支座反力（图 2.1a），再利用图 2.1b 和 2.1c 所示的两个隔离体的平衡条件可得梁中的内力为

$$M(x)=\begin{cases} mx/2 & (0\leqslant x\leqslant l/2) \\ m(l-x)/2 & (l/2\leqslant x\leqslant l) \end{cases}$$

$$F_Q(x)=-m/2 \qquad (0\leqslant x\leqslant l)$$

根据以上计算结果不难作出梁的弯矩图、剪力图，如图 2.1d 和 2.1e 所示。

本例题是某校某年的一道结构力学考研题。应该说，它实在算不得什么难题。但有的考生在答完题以后，对自己所画的弯矩图和剪力图左看右看，上看下看，越看越觉得“不顺眼”，心中犯起了嘀咕：“梁的中点没有集中力作用，弯矩图怎么会在这里出现一个尖点？弯矩图左右两段的斜率不同，为什么剪力却是常数？梁的左段 $\mathrm{d}M/\mathrm{d}x=m/2$，为什么剪力 $F_Q=-m/2$？……”

做错了不怀疑自己错，做对了不相信自己对——这是结构力学解题中常见的两种倾向。有的学生是在吃足了“不怀疑错”的苦头，克服了第一种倾向之后，失去自信而导致了另一种倾向。之所以如此，归根结底是由于基本功不扎实。所谓基本功，首先是对于“三基”（基本概念、基本原理和基本方法）的正确理解和熟练掌握，其中包括对这些概念、原理和方法的前提和适用范围的清晰领会。

在上面的例子中，一些考生之所以“犯嘀咕”，是由于他们只记住了“直杆内力与荷载之间的微分关系”的公式及其反映在内力图上的有关特点，却忘记了书本上在推导这一微分关系时并没有涉及分布力偶荷载，因此所得的公式和相应的结论并不适用于目前的情况。如果要从“微分关系”的角度验证本题答案的正确性，就必须重新推导这一关系。

当直杆同时受分布力和分布力偶荷载作用时，推导相应的微分关系并不复杂，只要把无分布力偶荷载作用时的微分关系略加推广即可。图 2.2 是直杆中的一个长度为 dx 的微单元，这个隔离体所受的荷载不仅有横向分布力 $q(x)$ 还有分布力偶 $m(x)$。由平衡条件 $\sum F_y=0$ 可得

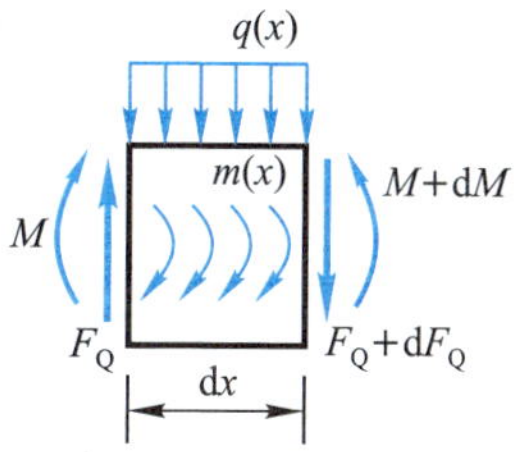

图 2.2

$$\frac{\mathrm{d}F_Q}{\mathrm{d}x}=-q(x) \tag{2.1}$$

这与无分布力偶荷载时剪力与分布荷载间的微分关系相同；由 $\sum M=0$ 可得

$$\frac{\mathrm{d}M}{\mathrm{d}x}=F_Q+m(x) \tag{2.2}$$

与无分布力偶荷载时弯矩与剪力间的微分关系相比，等号的右边多了一项 $m(x)$。如果 $m(x)\equiv 0$，式(2.2)就退化为无分布力偶荷载时弯矩与剪力间的微分关系。

显然，例 2.1 解答中得到的弯矩图（图 2.1d）和剪力图（图 2.1e）是符合式(2.1)和(2.2)中的微分关系的。

2.2 再谈分布力偶荷载

本节对分布力偶荷载做进一步的讨论。从例2.1已经看到,均布力偶荷载对弯矩的影响类似于集中力;另外,将式(2.2)对 x 再微分一次并考虑到式(2.1),得

$$\frac{\mathrm{d}^2M}{\mathrm{d}x^2}=-q(x)+\frac{\mathrm{d}m}{\mathrm{d}x} \tag{2.3}$$

由此,又可见 $\mathrm{d}m/\mathrm{d}x$ 对弯矩的影响类似于某种横向分布力荷载。对此可作如下的理解。

图2.3a所示为直杆的某一杆段 AB 受分布力偶荷载 $m(x)$ 作用。$m(x)$ 可通过以下的静力等效代换转化为横向分布力荷载和两个集中力:

(1) 将杆段 AB 等分为长度为 $\mathrm{d}x$ 的一系列微段(图2.3b)。在其中的一个典型微段及其右边的相邻微段上,力偶荷载的集度分别为 m 和 $m+\mathrm{d}m$,因此这两个微段所受的总力偶分别为 $m\mathrm{d}x$ 和 $(m+\mathrm{d}m)\mathrm{d}x$。

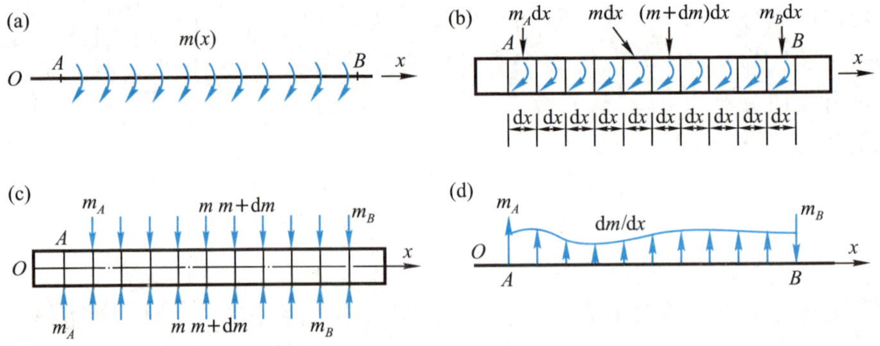

图2.3

(2) 将各微段所受的力偶荷载以一对大小相等、方向相反、作用于微段两端截面的横向集中力代替(图2.3c),在上述典型微段及其相邻微段上,集中力的大小分别为 m 和 $m+\mathrm{d}m$,方向如图所示。两个微段公共截面上的集中力相互抵消后,只剩下增量部分 $\mathrm{d}m$,但在截面 A 和截面 B,由于不存在"相邻微段",相应的集中力未被抵消,分别仍为 m_A 和 m_B。

(3) 当微段长度无限缩小时,以上对分布力偶荷载静力等效代换的结果,就是截面 A 和 B 处的两个集中力,分别仍为 m_A 和 m_B;以及 AB 段的分布力荷载,其集度为 $\mathrm{d}m/\mathrm{d}x$,方向与 $q(x)$ 的正方向相反,如图2.3d所示。

有趣的是,上述静力等效代换的结果并不影响弯矩的计算结果,却会影响剪

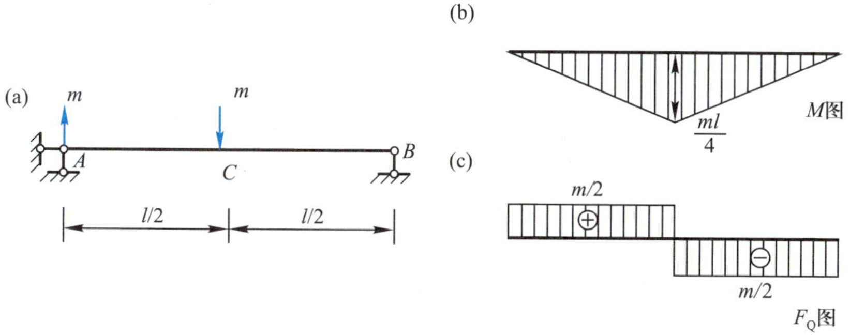

图 2.4

力的计算结果。在例 2.1 中,左段 $dm/dx=0$,按以上方法得到的等效荷载不含横向分布力,只有两个大小均为 m 的集中力分别作用于支座 A(方向向上)和中点 C(方向向下),如图 2.4a 所示;图 2.4b、c 分别是与静力等效荷载相应的弯矩图和剪力图,将它们与图 2.1d 和 2.1e 比较,就会发现两个弯矩图是完全相同的,而两个剪力图仅在梁的右半跨(CB 段)是相同的,左半跨(AC 段)却不相同。为什么会这样呢?

我们知道,静定结构有以下特性:对作用于静定结构的一个几何不变部分的荷载作静力等效代换,不影响其余部分的内力。因此,CB 段的弯矩图和剪力图不受荷载代换的影响是毫不奇怪的。下面来看 AC 段。

在有分布力偶荷载作用的情况下,弯矩与荷载的微分关系为式(2.3),将分布力偶荷载代换为非力偶荷载以后,这种关系并没有改变。此外,静力等效代换也没有改变 AC 段两端的弯矩。式(2.3)是一个二阶微分方程,既然方程本身和两端的边界条件都没有改变,它的解也不会改变。至于剪力,荷载静力等效代换的结果使得式(2.1)的右边多出了一项 dm/dx,同时又改变了 AC 段两端的剪力值,微分方程和边界条件都改变了,它的解当然要发生变化。

在例 2.1 中,AC 段 $dm/dx=0$,关于剪力的微分方程不变,仅仅边界条件有所改变,反映到图形上,就是该段剪力图的斜率未变而函数值发生了变化;在一般情况下,$dm/dx\neq 0$,剪力图的斜率也会受到荷载代换的影响。例如,设作用于梁左段的分布力偶荷载的集度为 x 的线性函数

$$m(x) = 2m_C x/l \quad (0 \leqslant x \leqslant l/2)$$

如图 2.5a 所示,则相应的弯矩图和剪力图分别如图 2.5b、c 所示;静力等效荷载及其相应的弯矩图和剪力图分别如图 2.6a、b、c 所示。比较可见,这两种情况下的剪力图在梁的左段大不相同,而弯矩图仍然是完全相同的。

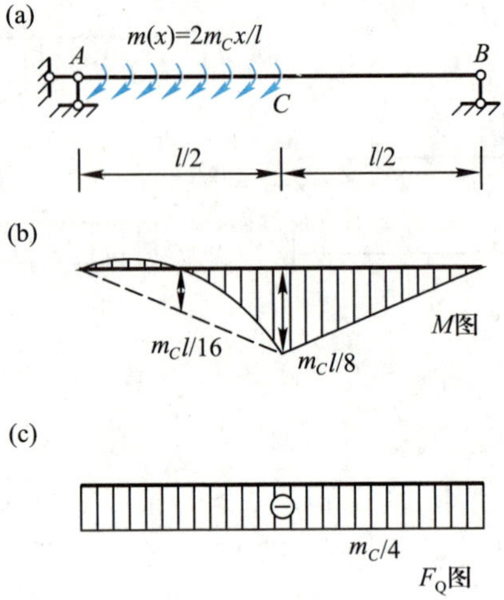

图 2.5

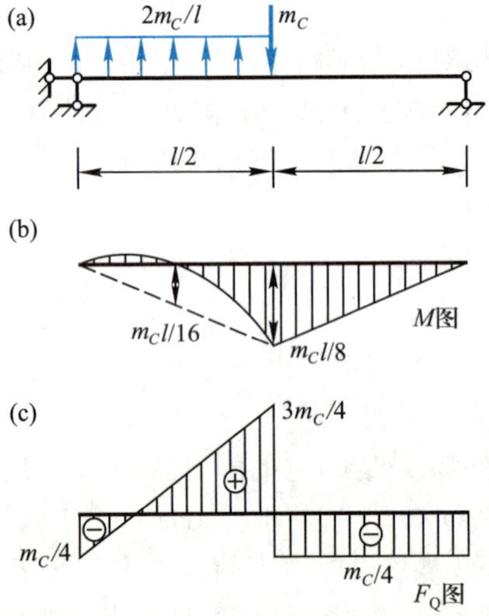

图 2.6

2.3 关于“反问题”

对于给定的结构，已知荷载，求结构各部分的内力（轴力、剪力和弯矩），这是大家所熟悉的问题，也是结构计算中最常见的问题。对于这类问题，通过计算总是能得出唯一确定的解答。

如果将上述问题称为“正问题”,那么,与之相反的问题就是“反问题”。工程结构分析中,常见的反问题可以分为以下两类:

(1) 给定结构,已知部分内力,求结构所受的荷载。

(2) 已知结构所受的荷载和相应内力的某些特点,求结构的某些参数(例如结构的几何尺寸,对于超静定结构求截面的几何特性等)。

关于第(2)类“反问题”,这里不准备深入讨论。静定多跨梁的设计中,常常会碰到调整中间支座或铰的位置,使梁的弯矩满足某种要求的问题,实际上就属于这一类型,见下节例 2.4。

本节只讨论第(1)类“反问题”,下面是一个例子。

例 2.2 结构的几何尺寸和剪力图如图 2.7a 所示,试求相应的荷载,并作结构的弯矩图。

解 这个问题似乎并不难。首先,由于剪力图处处是平行于杆轴的直线,可以判断没有分布荷载作用于结构;其次,根据各杆端及剪力突变处的剪力值,可以推算结构所受的集中力荷载的大小、方向和作用位置,以及支座反力的大小和方向;再次,由平衡条件可知,在结构的 CEB 部分应该还作用有一个大小等于 $F_{\mathrm{P}}a$ 的顺时针方向的力偶;最后,在上述分析的基础上,不难作出相应的弯矩图。结构所受的荷载、反力及相应的弯矩图如图 2.7b 所示。

但是,图 2.7b 所示的荷载和弯矩并不是本问题唯一的解答。首先,集中力偶 $F_{\mathrm{P}}a$ 不一定要作用于结点 E,而是可以作用于折杆 CEB 的任何位置,相应的弯矩图如图 2.7c、d 所示;其次,作用于折杆 CEB 上的集中力偶不一定是一个,也可以是两个或更多,只要它们的代数和为 $F_{\mathrm{P}}a$(以顺时针方向为正),就能够满足平衡条件,如图 2.7e 所示;最后,如果考虑轴向荷载和分布力偶荷载,则本题的解答还会更多,例如图 2.7f 所示的情况,荷载、弯矩和反力都与图 2.7b 所示有所不同,但二者的剪力图相同。

由此可见,本问题的解是十分不确定的(有无穷多种解答),为了得到确定的解答,必须给出其他附加的条件,例如集中力偶作用的位置等。

实际上,“已知剪力求弯矩”的问题的解总是不确定的,这是因为剪力与弯矩的一阶导数有关,已知剪力求弯矩是一个积分的问题,不给出一定的边界条件,积分的结果是不确定的。

读者可能会想:“已知剪力求弯矩”的解不确定,那么,“已知剪力求荷载”是求微分或增量的问题,总该可以了吧!但是不要忘记,剪力的变化只与分布或集中的横向荷载有关,与力偶荷载无关,所以只要问题涉及(或不排除)力偶荷载,“已知剪力求荷载”的解同样是不确定的。图 2.8a 所示的剪力图是大家很

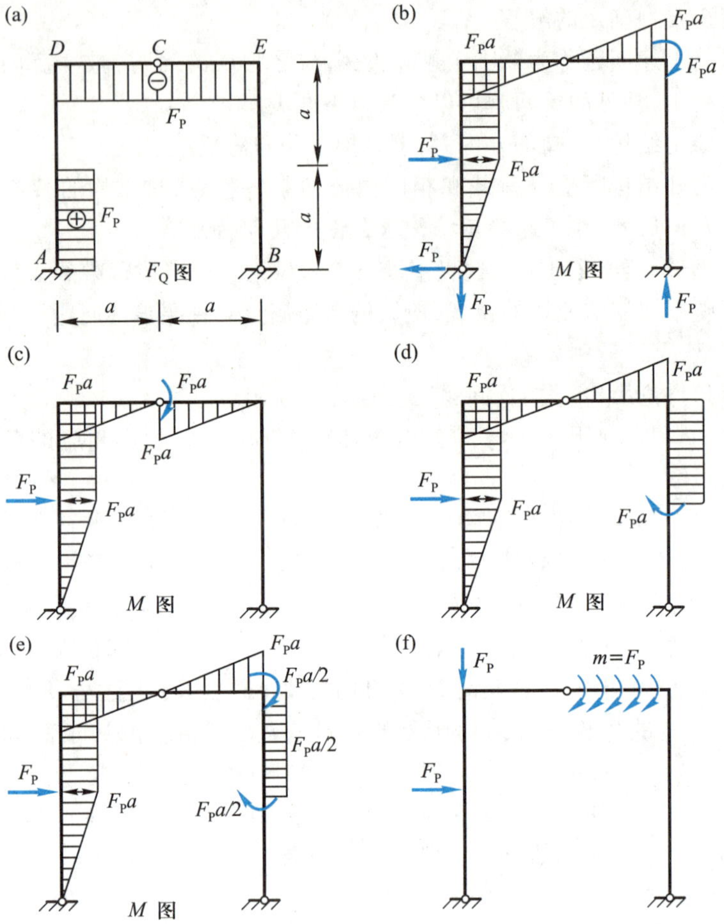

图 2.7

熟悉的，但不要以为它所对应的荷载一定是全跨均布荷载，因为如果不排除力偶荷载，那么除了全跨均布荷载，在梁的任何一段施加一对大小相等、方向相反的力偶（图 2.8b），梁的剪力图都是相同的。

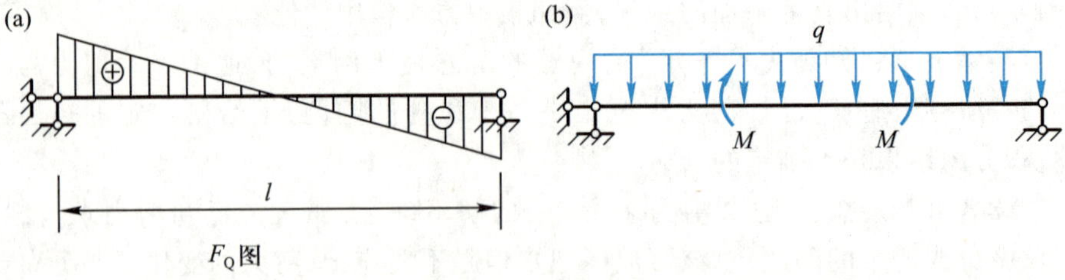

图 2.8

如果不排除分布力偶荷载,"已知弯矩求荷载"的问题同样也不简单。例如,仅凭图 2.1d 所示的弯矩图,就无法判定它所对应的荷载到底是跨中集中力还是半跨的均布力偶,或者是二者兼而有之。

总之,碰到"反问题",千万不能轻率地下结论,否则很容易"挂一漏万"!

2.4 叠加法的活用

叠加法是以叠加原理为依据的结构分析方法,它的好处是能将一个复杂的问题分解为若干个简单的问题进行分析,具有广泛的适用性(当然,必须满足叠加原理的条件)。本节所说的叠加法,指的是作由直杆组成的结构(梁、刚架、组合结构)的弯矩图的分段叠加法。

对于分段叠加法大家都很熟悉。要作结构中某一直杆段的弯矩图,只要先求杆段两端的弯矩,作相应的"杆端弯矩图"(直线);再将该段直杆看成简支梁,作它在横向荷载和力偶荷载作用下的弯矩图,简称"简支梁弯矩图";在杆端弯矩图上叠加"简支梁弯矩图",就得到该杆段的弯矩图。这一方法可用公式表示为

$$M(x) = M^{e}(x) + M^{0}(x) \tag{2.4}$$

其中 $M^{e}(x)$ 和 $M^{0}(x)$ 分别对应于杆端弯矩图和简支梁弯矩图,$M(x)$ 表示杆段的实际弯矩。

例 2.3 作图 2.9a 所示三铰刚架的弯矩图。

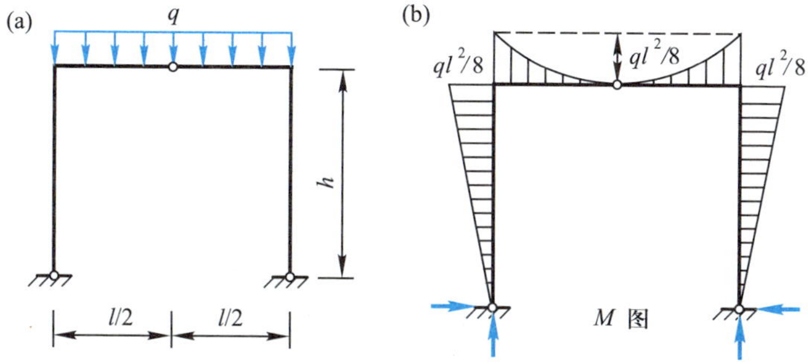

图 2.9

解法一 分以下几步进行:

(1) 求反力。先用整体平衡条件求竖向反力;再取左边或右边的半个刚架为隔离体,对顶铰取矩,求水平反力。

(2) 求控制截面的弯矩,主要是竖杆顶部结点的弯矩。

(3) 用分段叠加法作弯矩图,如图 2.9b 所示。

以上作法的正确性是没有问题的，只是刻板了一点。刻板的工作做久了就容易令人感到枯燥，也就谈不上什么趣味了。这道题其实可以换一种灵活的方法来求解。

解法二　首先，大致画出弯矩图的形状。竖杆不受荷载作用，弯矩图为直线；两个支座水平反力大小相等、方向相反，所以竖杆顶端的弯矩一定相等，从而水平杆两端的弯矩也相等；水平杆受均布横向荷载作用，弯矩图为二次抛物线，这条抛物线一定要通过顶铰；由于对称性，抛物线的形状也是对称的。跨度为 l 的简支梁在集度为 q 的均布荷载作用下的跨中弯矩值为 $ql^2/8$，由叠加法反推可知，水平杆两端以及竖杆顶端的弯矩也是 $ql^2/8$。如果需要，还可以很容易地由弯矩图求出支座的水平反力。

以上求解过程写出来是一大堆文字，好像很啰唆，实际上，它的主要工作是在“心里”完成的，是定性的分析，计算被压缩到了最低限度，相信读者是乐于接受的。用同样的方法，可以轻而易举地作出图 2.10a 所示三铰刚架的弯矩图，如图 2.10b 所示。如果用公式表示这一方法，即

$$M^{e} = M - M^{0}$$

其中在某个特定点（例如铰结点）已知 $M=0$，而 M^0 很容易记住或求出。

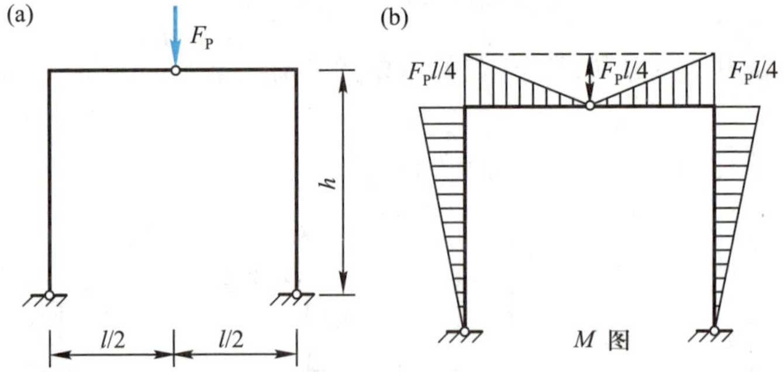

图 2.10

这一方法也可用于支座不等高的三铰刚架，见第 2.5 节。该节中还讨论了水平荷载下弯矩图的作法，当然也适用于支座等高的三铰刚架。

例 2.4　三跨静定梁受均布荷载作用，如图 2.11a 所示。试选择铰 E、F 的位置（用 x 表示），使 BC 跨的跨中弯矩和支座 B、C 处的弯矩的绝对值相等。

这个问题大家也都很熟悉，但是解法也有刻板和灵活之分。

解法一（刻板）　对附属部分 EF 求出其跨中弯矩，等于 $q(l-2x)^2/8$；E 和 F 处的反力各等于 $q(l-2x)/2$；将该反力反向施加于基本部分，由隔离体 BE 或 CF 的平衡条件可求出支座弯矩的绝对值为 $xq(l-2x)/2+qx^2/2=qx(l-x)/2$；令上述两个弯矩相等，得到一个关于 x 的方程；解方程得到 x 的值。

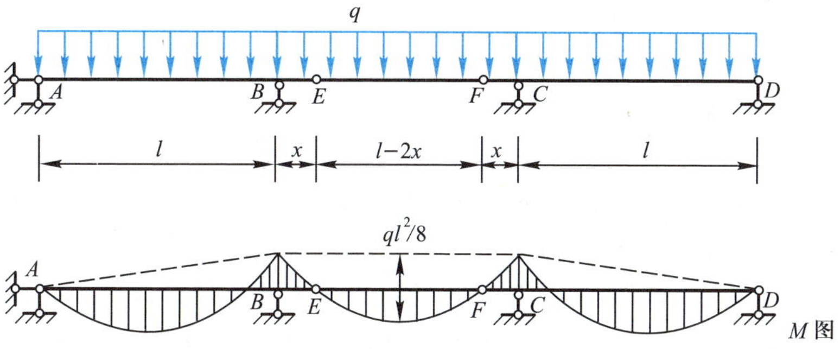

图 2.11

解法二（灵活） 梁的弯矩图大致如图 2.11b 所示。将 BC 部分看成简支梁，它在均布荷载作用下的跨中弯矩为 $M^0=ql^2/8$；题目要求 BC 跨的跨中弯矩和支座 B、C 处的弯矩的绝对值相等，由图可见，也就是要求这个跨中弯矩等于 $M^0/2$。于是可列出方程：

$$q(l-2x)^2/8 = ql^2/16$$

解方程就得到 x 的值。

以上思路用公式表示，就是：因为 $M=M^e+M^0$，且在 BC 跨的中点 $M=-M^e$，所以 $M=M^0/2$。

上面所举的例子，结构和荷载都是对称的，其实这并非必要。例如，关于多跨静定梁的例 2.4 中，左右两跨的跨度可以不相等，这两跨的荷载也可以不对称，解法仍然相同。下面再举一个不对称的例子。

例 2.5 试作图 2.12a 所示结构的弯矩图。

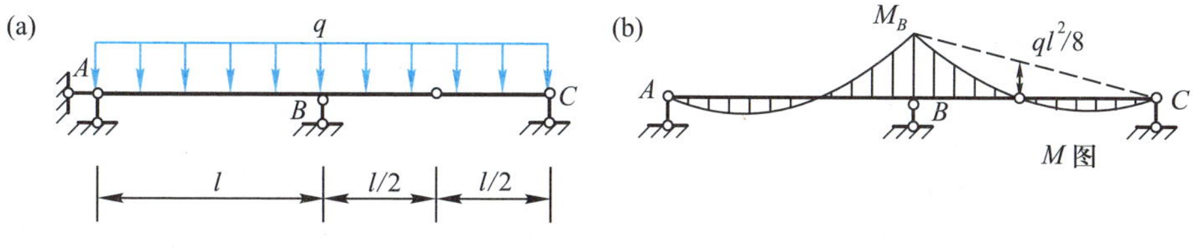

图 2.12

解 关键是求支座 B 处的负弯矩。由图 2.12b 所示的叠加关系及几何关系很容易求得 M_B 的绝对值为

$$2\times ql^2/8 = ql^2/4$$

将图中的 M_B 改为 $ql^2/4$，所求的弯矩图就完成了。

活用叠加法常常可以节省不少计算工作，从而大大提高作弯矩图的速度。后面我们还会接触到类似的例子，其中有的比本节介绍的要复杂一些，例见下节，以及第 2.10 节中的例 2.17。

2.5 巧解支座不等高三铰刚架

计算三铰刚架的内力，一般要先求支座反力。在支座等高的情况下，利用对支座铰（称为“底铰”）的整体力矩平衡条件，很容易求得竖向反力；再以这两个刚片中的任一个为隔离体，利用对顶铰的力矩平衡条件，可求得相应的水平反力。在支座不等高的情况下，将两个支座反力都向竖直方向和支座连线的方向分解（图 2.13a），按上述方法仍可方便地求得支座反力，但与支座等高的情况相比，还是要麻烦一些。

在上一节例 2.3 的“解法二”里，我们灵活地“反用叠加法”，不求支座反力，也不用取任何隔离体和列、解平衡方程，就驾轻就熟地作出了一个支座等高的三铰刚架的弯矩图。如果三铰刚架的支座不等高，这种方法是否也能奏效呢？请看下面的例子。

例 2.6 作图 2.13a 所示三铰刚架的弯矩图。

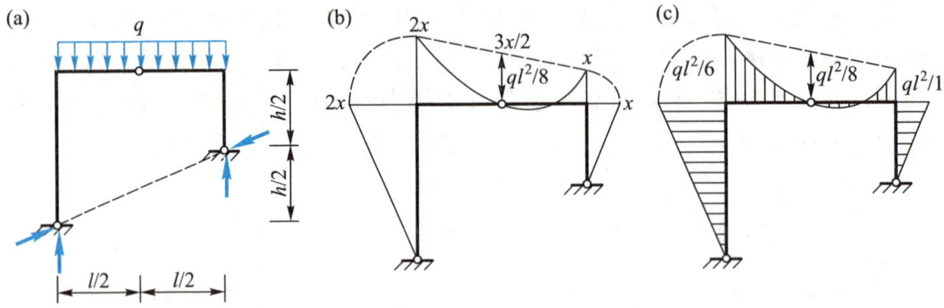

图 2.13

解 首先，大致画出弯矩图的形状，如图 2.13b 所示。虽然支座不等高，但因为没有水平荷载，两个支座水平反力仍然大小相等、方向相反，因此，竖杆顶端以及相应水平杆两端的弯矩与竖杆长度成比例，可以分别设为 x 和 $2x$，由几何关系可知，水平杆“杆端弯矩图”的中线长度为 $1.5x$；另一方面，这个竖标值应为 $ql^2/8$。于是得 $x = ql^2/12$，刚架的弯矩图如图 2.13c 所示。

从上例可见，即使支座不等高，在只有竖向荷载的情况下，我们用灵活的方法作三铰刚架的弯矩图依旧是“小菜一碟”。下面我们来看看水平荷载的情况，这是对支座等高三铰刚架也没有讨论过的。

例 2.7 作图 2.14a 所示三铰刚架的弯矩图。

解 首先，还是大致画出弯矩图的形状，如图 2.14b 所示。因为所有杆件都

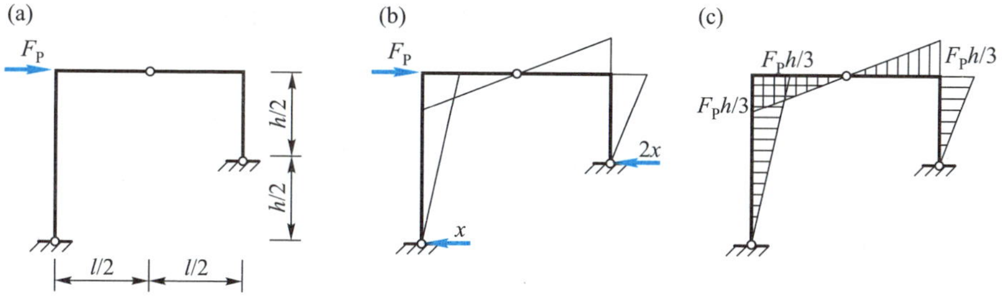

图 2.14

不受荷载作用，弯矩图由三段直线组成，水平杆上的直线通过顶铰，由几何关系可知其两端的弯矩绝对值相等，从而竖杆顶端弯矩值相等；支座水平反力值与竖杆长度成反比、方向相同，分别设为 x 和 $2x$。考虑水平方向的平衡条件，显然有 $x=F_P/3$，于是作刚架的弯矩图如图 2.14c 所示。

有读者会说：你这个水平荷载正好作用在结点上，也太特殊了吧！仅仅这一个例子，不能使人心服口服。好吧，我们再来看一个稍微复杂的例子。

例 2.8 作图 2.15a 所示三铰刚架的弯矩图。

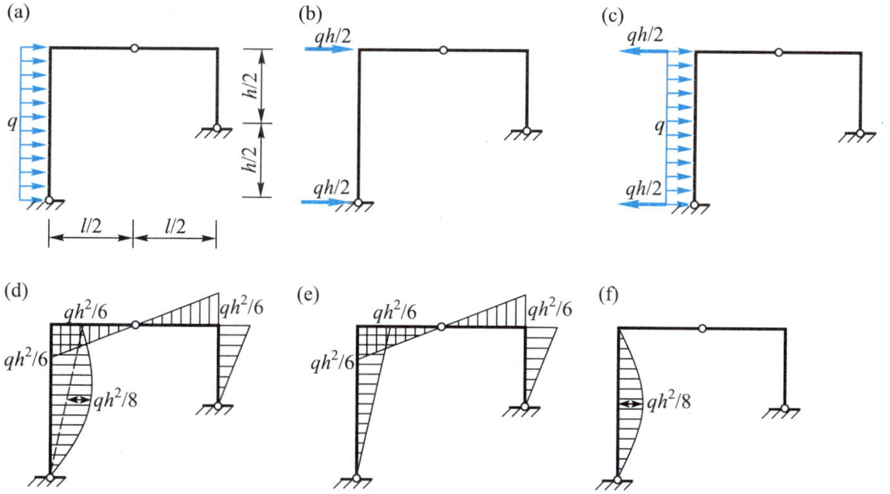

图 2.15

分析 左边的竖杆受分布荷载作用，其弯矩图为曲线，因此即使两个竖杆顶端弯矩值相等，我们也难以像上例一样获得关于支座水平反力的有用信息。但是，我们可以借用结构矩阵分析中将非结点荷载化为等效结点荷载的概念来简化本题的求解。

解 将左边竖杆所受的均布荷载分解为两部分，分别如图 2.15b 和 c 所示。

(1) 图 2.15b 中，直接作用在支座上的荷载不引起杆件的内力；作用在顶部结点的集中荷载引起的弯矩见图 2.15e,这个弯矩图可以通过在上例中令 $F_P = qh/2$ 得到。

(2) 图 2.15c 中,左边的竖杆受平衡力系作用。根据静定结构的性质,因为该竖杆是几何不变的,结构的其余部分不受这个平衡力系的影响,因此,只有左边竖杆上有弯矩,弯矩图见图 2.15f。

(3) 将图 2.15e 和图 2.15f 叠加起来,就得到刚架在原荷载作用下的弯矩图,如图 2.15d 所示。

本节通过三个例题,讨论了支座不等高三铰刚架弯矩图的灵活作法。例题所用的方法,可以推广应用于此类刚架受其他荷载的一系列问题,请读者自行思考、练习。

2.6 直觉会欺骗你吗?

直觉,或者洞察力,在解决任何问题中都是宝贵的,解决结构力学问题也是如此。什么是直觉?似乎很难下一个准确的定义。但同样的结构力学问题,有的人要"吭哧吭哧"计算半天,有的人却能"一眼看穿"杆件的受拉受压,看出哪些杆件受力,哪些是零杆,甚至看出结构的哪些部分最危险;有的人能很快把一个弯矩图画得七不离八,有的人却不行;有的人画错了内力图还感觉良好,有的人却能"一看就觉得它不顺眼"。这里的"一眼看穿"、"一挥而就"的本领,就多少体现了直觉的作用。上面两节(第 2.4 节和第 2.5 节)中活用叠加法等作弯矩图的方法,也可以说是运用了一点直觉。

正确的直觉来源于对"三基"的正确、透彻的理解和熟练掌握,也来源于解题经验的总结和积累。正确的直觉的获得,是一个从量变到质变的过程。在计算机广泛应用、人们对"电脑"的依赖日益加深的今天,"定性结构力学"或"概念结构力学"正在引起越来越多的结构力学工作者的重视,从某种意义上说,就是要在充分发挥"电脑"作用的同时,保护和培养"人脑"中这种宝贵的直觉,使人在"电脑"时代变得更聪明而不是相反。

上面说的是关于直觉的积极的方面,也是本书要大力提倡的一个方面;本节则是一个"唱反调"、"泼冷水"的小插曲,目的是提醒读者:直觉有正确与错误之分,不要过分相信自己的直觉,因为它有时会欺骗你!

人的直觉中,论重要性恐怕莫过于视觉带来的直觉了。我们常说"眼见为实"、"简直不敢相信自己的眼睛",都是说自己的眼睛是最可靠的。然而大量的事实却说明并非如此,请看下面的例子。

图 2.16a 的两个梯形中,看起来是 A_1B_1 比 A_2B_2 长,用尺量一下,却会发现它们其实是一样长;图 2.16b 中,看起来是 A_1B_1 比 A_2B_2 短,用尺量一下,它们其

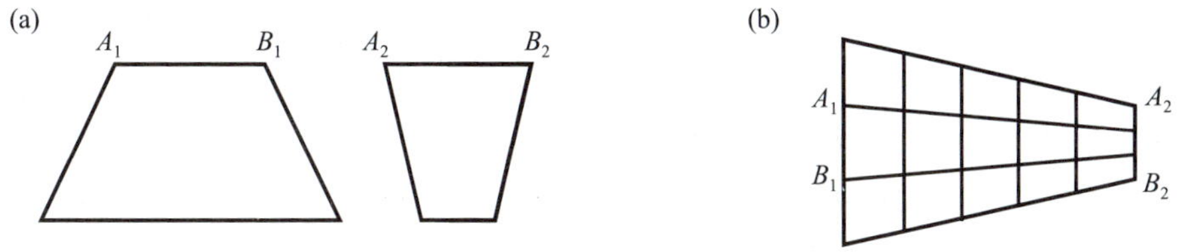

图 2.16

实也是一样长。

类似的例子很多,诸如直线变弯啦,平行线看起来不平行啦,不一而足。有一本书,名叫《眼睛会欺骗你吗?》,专门讨论这一问题。读者如果感兴趣,去网上搜索一下,会有不少收获。此类问题,属于“视觉心理学”的研究对象。

结构力学中也有类似的例子。例如,对于第 2.1 节中的例 2.1,那些答对了题却不相信自己对的考生,就是被错误的直觉给“蒙”住了。下面再举两个例子。

例 2.9 试作图 2.17a 所示梁的弯矩图。

解 弯矩图如图 2.17b 所示,过程从略。

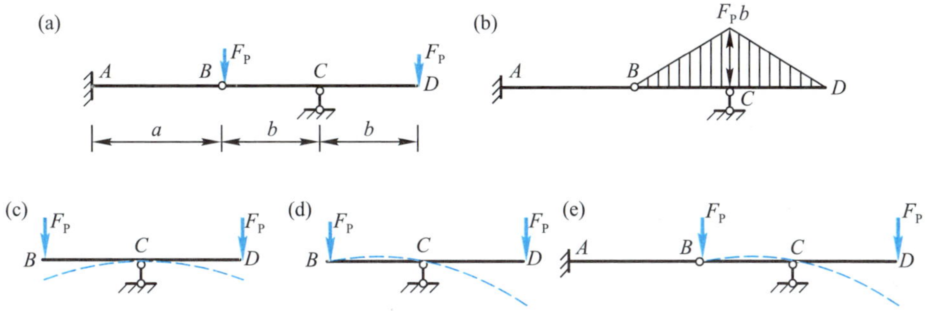

图 2.17

这道题应该说是太容易了。但是曾经有学生拿着它来问作者:“单老师,这道题的弯矩图我会画,可我就是怎么也想不通为什么 AB 杆不受力!”作者说:“为什么想不通呢?结构是静定的,BD 杆是内部几何不变的,它所受的荷载和支座 C 的反力构成一个平衡力系,根据静定结构的特性,AB 杆当然不受力了!”他说:“是啊,这样想我倒也想得通,可换个角度就想不通了:如果没有 AB 杆,BD 杆在荷载作用下就像一个跷跷板,它的两端会向下发生相等的位移(图 2.17c);有了 AB 杆,它要阻碍 BD 杆的 B 端发生位移,会在这里给 BD 杆施加一个向上的反力,反过来,它的 B 端会受到向下的力的作用,所以 AB 杆中没有弯矩就太奇怪了!”

这位同学是被自己的直觉欺骗了。他对自己的直觉是如此深信不疑,对经过严密的逻辑推理得出的静定结构的特性反倒不那么相信了!

“直觉”之一:“没有 AB 杆,BD 杆的两端在荷载作用下会向下发生相等的位移”。这是错误的，没有 AB 杆，BD 杆确实“像个跷跷板”，但是它在平衡力系作用下可以在任意位置上维持平衡，如图 2.17d 所示，两端的竖向位移不一定要相等。这位同学把“平衡”和“对称”混为一谈了。

“直觉”之二：“阻碍位移一定要提供反力”。对于几何不变体系而言，这是对的；可是 BD 杆这个“跷跷板”和支座组成的体系是几何可变的，在平衡力系作用下，你把它从这一平衡位置转移到另一平衡位置是可以“不费吹灰之力”的。这位同学又把“结构”和“机构”混为一谈了。

实际上，本题中的结构在荷载作用下的变形如图 2.17e 所示，铰 B 没有位移而截面 D 的竖向位移是图 2.17c 中截面 D 的竖向位移的 2 倍。

例 2.10　图 2.18a 所示的杆 CF 是：(A)拉杆；(B)压杆；(C)零杆？

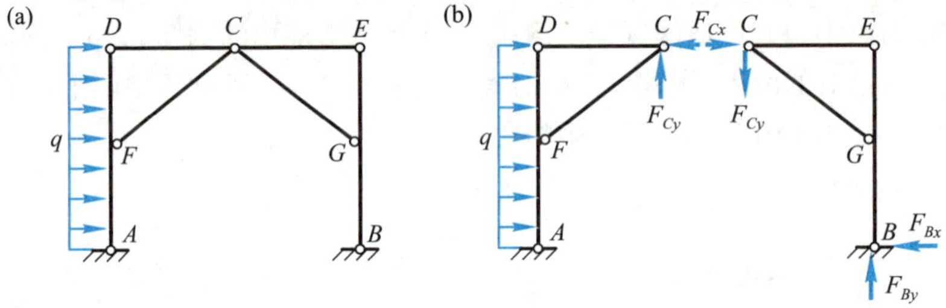

图 2.18

对这道选择题，不少学生选择 B，理由是：在图示均布荷载作用下，如果没有 CF 杆，AD 杆的 F 截面要向右发生水平位移，而 CF 杆会对这种位移起限制作用，所以它是压杆。

然而本题的正确答案偏偏是 A，CF 是拉杆。得出这一结论并不很难，先从整体平衡条件判断支座 B 的竖向反力的方向，再根据图 2.18b 所示隔离体 BEC 的受力图判断各力的方向，最后利用隔离体 ADC 上结点 C 的平衡条件就可以了。在这一过程中，无须计算各力的大小。

选择 B 的学生，也许是因为忽视了这样一个事实：在荷载作用下，结点 C 是要产生位移的。他们在潜意识中把结点 C 当成了不动的支座，从而产生了 CF 杆是压杆的错觉。

应该说，他们关于“如果没有 CF 杆”将如何如何的思路本来是可行的，这其实是虚位移原理的一种定性的应用。问题在于，他们对虚位移的描述是错误的。实际上，如果没有 CF 杆，结构将成为机构，在荷载作用下，AD 杆和刚片 BCE 要分别绕着 A 点和 B 点顺时针转动，结点 C 将会向右、向上运动，从而使 C、F 间的距离变大，如图 2.19

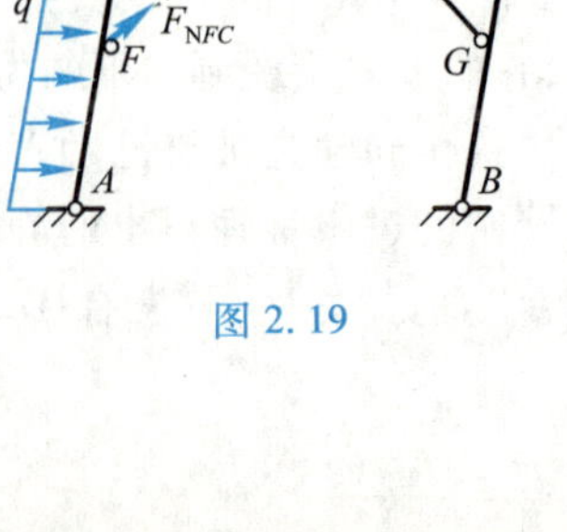

图 2.19

所示。CF 杆会对这种位移起限制作用，所以 CF 杆是拉杆。

从以上两个例子可见，人们之所以有时会被自己的直觉所欺骗，之所以会产生错误的直觉，往往与自己的某种“思维定势”有关，与某种“经验”的不假思索的推广（张冠李戴）或自己总结出的某种似是而非的“规律”有关，归根结底还是那句老话：基本功不扎实，概念不清楚。因此，为了获得真正可靠的、有益的直觉，就要在加强“三基”上下工夫。不“修炼”到一定的火候，对自己的直觉还是不要过分相信为好。还有一个建议是，如果你发现自己受了直觉的欺骗，一定不要放过它，一定要弄个水落石出，因为这正是你提高自己结构力学水平的绝好机会。

2.7 “另类”三铰式结构

由三个刚片（一般包括地基）按三刚片规则组成的几何不变体系可统称为三铰式结构。如第 2.5 节所述，计算三铰式结构的支座反力一般都离不开“先取两个再取一个”刚片为隔离体这样一个基本思路。

典型的三铰式结构中，三个铰都是实铰。本节要讨论的三铰式结构与此不同，三个铰中至少有一个虚铰，因此称为“另类”三铰式结构。另类归另类，它们在本质上还是三铰式结构，因此其解法与一般三铰式结构的解法也是相通的。

下面先分析两个例子。

例 2.11 试分析图 2.20a 所示结构的支座反力的求解方法。

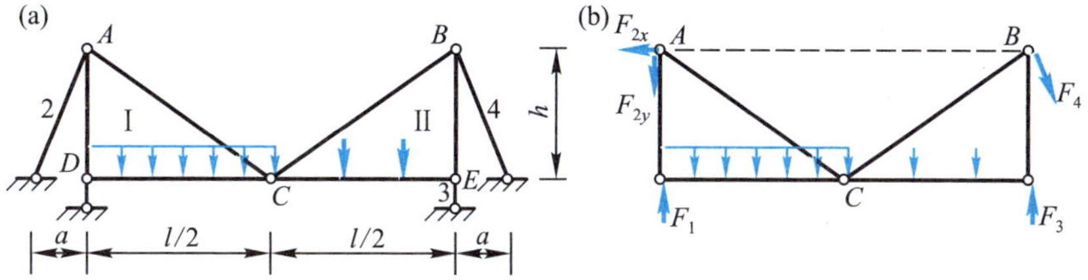

图 2.20

分析 该结构由地基和两个三角形刚片Ⅰ和Ⅱ组成。连接地基和刚片Ⅰ的链杆 1、2 相当于虚铰 A；连接地基和刚片Ⅱ的链杆 3、4 相当于虚铰 B；刚片Ⅰ和Ⅱ以实铰 C 相连。

切断链杆 1、2、3、4，取刚片Ⅰ和Ⅱ为隔离体，如图 2.20b 所示。虽然虚铰 A 和 B 是等高的，但在 4 个支座反力 F_1、F_2、F_3 和 F_4 中，没有任何三个共点或相互平行，为了求得这 4 个反力，求解联立方程似乎是不可避免的了。

但是，如果将支座反力进行适当的分解和重组，求解联立方程还是有办法避免的。具体地说，就是将 F_2 在铰 A 处分解为水平分量 F_{2x} 和竖直分量 F_{2y}，

因为 F_{2x}、F_3 和 F_4 的作用线都通过铰 B,利用平衡条件 $\sum M_B=0$ 可以求得 F_1+F_{2y};再取刚片Ⅰ为隔离体,由 $\sum M_C=0$ 可以求得 F_{2x},按比例关系可求出 F_{2y} 和 F_2,进而求出 F_1;F_3 和 F_4 可用同样的方法求得,也可以利用其他平衡条件求得。

讨论　本题的弯矩图和剪力图都可以直接画出来,无须先求支座反力,因为 DC 和 CE 都是简支梁。已知梁的剪力,利用结点 C 的平衡条件可以求得 AC 杆和 BC 杆的轴力,因为这两个杆的轴力相等(为什么?),这两个杆件的轴力求出以后,再求支座反力就十分容易了。

例 2.12　试分析图 2.21a 所示结构的支座反力的求解方法。

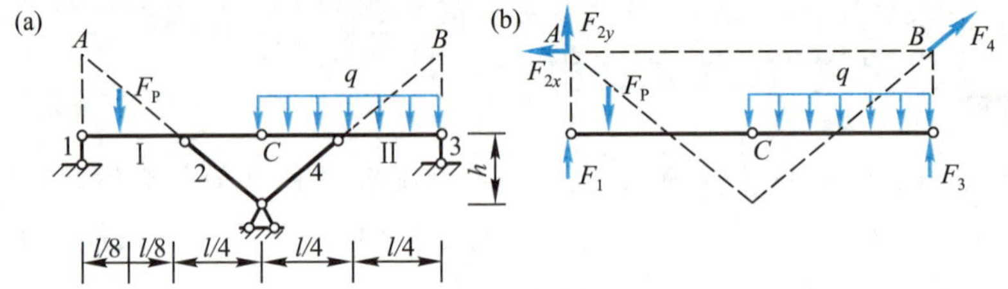

图 2.21

分析　这个结构的几何组成与上例大同小异,图 2.21a 中刚片、支杆和三个铰的编号与图 2.20a 是一一对应的,无须赘述。不同的是,现在两个虚铰 A、B 分别游离于刚片Ⅰ和Ⅱ之外,比图 2.20a 中的虚铰显得更"虚"一点。

反力的计算方法也与上例基本相同,如图 2.21b 所示。图中将支杆 2、4 的反力 F_2 和 F_4 的作用点分别沿着它们的作用线移到了虚铰 A 和 B(只要明确 F_2 和 F_4 是分别作用在刚片Ⅰ和Ⅱ上的,这样的移动并不影响体系的平衡),然后再将 F_2 分解并与 F_1 进行重组。完整的解答留给读者自己去完成。

通过上面的两个例子,我们可以有信心地说,只要掌握了三铰拱的基本计算方法,其他三铰式结构,不管多么"另类",都可以采用"先取两个再取一个"刚片为隔离体的基本思路求出它的反力,并且完全有办法避免求解我们所不喜欢的联立方程。

例 2.13　图 2.22a 是一个更为复杂更为"另类"的三铰式结构,以至于一下子很难认清它的本来面目。但只要回顾一下例 1.1,就不难看出它仍然可以归入三铰式结构的范畴,只不过现在三个铰都是虚铰罢了:

连接地基和刚片Ⅰ的链杆 1、2 相当于虚铰 A;

连接地基和刚片Ⅱ的链杆 3、4 相当于虚铰 B;

连接刚片Ⅰ和Ⅱ的链杆 5、6 相当于虚铰 C。

几何组成分析清楚了,反力的计算就没有多大困难了:

切断链杆 1、2、3、4,取刚片Ⅰ和Ⅱ为隔离体(图 2.22b)。将 F_2 的作用点沿

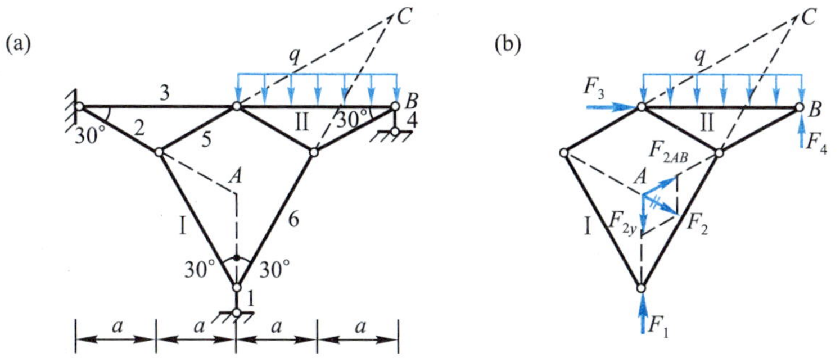

图 2.22

其作用方向移到虚铰 A，并且将它沿 AB 方向和竖直方向分解为 F_{2AB} 和 F_{2y}，利用平衡条件 $\sum M_B=0$ 可以求得 F_1-F_{2y}；再取刚片 Ⅰ 为隔离体，由 $\sum M_C=0$ 可以求得 F_{2AB}，……。省略号里包含的工作，实在没有必要都写出来了，作为练习，也请读者自己去完成吧。

还有一个问题留给读者思考：本例中如果链杆 3 上也有横向荷载作用，它就不是二力杆了，这种情况该如何处理呢？

本节讨论的三个例题都可以通过替换杆件的方法将连接结构与地基的虚铰转化为实铰。请看第 2.11 节：再说“偷梁换柱”和“移花接木”。

本节主要以实例表明了“另类”三铰式结构在求解中避免求解联立方程的可能性。当然，对“避免求解联立方程”也不要片面强调。像例 2.13 这样的问题，虚铰位置的确定、力的分解和重组等都有一定的难度，也许求解一个二元联立方程组并不失为一个好的主意：这些，都要根据自己对不同方法的喜好和熟练程度而定了。

三铰式结构中有虚铰的问题还没有讨论完，因为上面的例子都还没有包括虚铰在无穷远处的情况。请看下节：别样的“另类”。

2.8 别样的“另类”

上节讨论的“另类”三铰式结构中，所有的虚铰都对应于相交链杆，因而都是近在眼前，可以捉摸的；如果连接两个刚片的链杆相互平行，相应的虚铰就“跑”到无穷远处，看不见摸不着了。三个铰中不仅有虚铰，而且虚铰中还有无穷远铰，这样的三铰式结构当然更“另类”了，这就是我们要在“另类”之前还要冠以“别样”二字的原因。

说到“无穷远铰”，有的读者可能会绷紧了神经，有的可能会跃跃欲试，以为问题的难度又要“上台阶”了:前面讲过,计算三铰式结构的反力,总是离不开对底铰或顶铰的力矩平衡条件。对无穷远点取矩,不是太玄乎了吗?但是,请不要太紧张,也不要太兴奋。一个新的问题有时确实并不像我们所想象的那么简单,但有时又不像我们所想象的那么复杂,目前要讨论的问题就属于后一种情况。

下面以支座等高的三铰刚架为例,来讨论这类三铰式结构的反力的计算问题。只考虑两类无穷远铰:一类对应于水平的平行链杆,简称“水平无穷远铰”;一类对应于竖直的平行链杆,简称“竖直无穷远铰”。采用穷举法,剔除几何可变体系,可以列出6种情况,如图2.23所示。

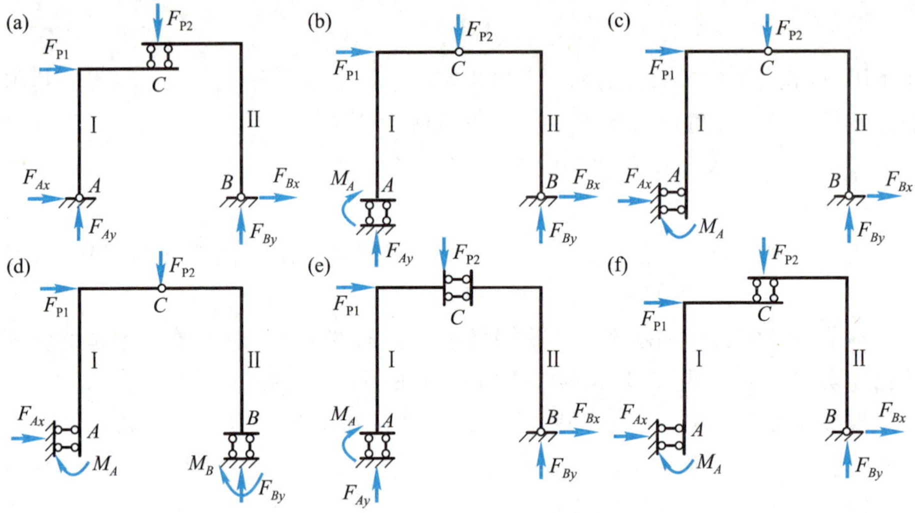

图2.23

情况1(图2.23a):顶铰 C 是竖直无穷远铰,两个底铰 A、B 均为实铰。首先,取刚片Ⅰ和Ⅱ为隔离体,利用对任一支座的力矩平衡条件,可求得另一支座的竖向反力;其次,取刚片Ⅰ或Ⅱ为隔离体,由 $\sum F_x=0$ 可以求得水平反力 F_{Ax} 或 F_{Bx}。

情况2(图2.23b):顶铰 C 和一个底铰 B 为实铰,另一个底铰 A 为竖直无穷远铰。首先,取刚片Ⅰ和Ⅱ为隔离体,利用 $\sum F_x=0$ 求唯一的水平反力 F_{Bx};其次,取刚片Ⅱ为隔离体,由 $\sum M_C=0$ 求支座 B 的竖向反力 F_{By};最后,利用整体平衡条件,求另一个支座 A 的竖向反力 F_{Ay} 和反力偶 M_A。

情况3(图2.23c):顶铰 C 和一个底铰 B 为实铰,另一个底铰 A 为水平无穷远铰。首先,取刚片Ⅰ和Ⅱ为隔离体,利用 $\sum F_y=0$ 求唯一的竖向反力 F_{By};其次,取刚片Ⅱ为隔离体,由 $\sum M_C=0$ 求支座 B 的水平反力 F_{Bx};最后,利用整体平衡条件,求另一个支座 A 的水平反力 F_{Ax} 和反力偶 M_A。

情况 4(图 2.23d)：顶铰 C 为实铰，底铰 A 和 B 分别为水平和竖直无穷远铰。首先，取刚片Ⅰ和Ⅱ为隔离体，分别利用 $\sum F_x=0$ 和 $\sum F_y=0$ 求唯一的水平反力 F_{Ax}和唯一的竖向反力 F_{By}；其次，分别取刚片Ⅰ和Ⅱ为隔离体，由 $\sum M_C=0$ 求支座反力偶 M_A 和 M_B。

情况 5(图 2.23e)：顶铰 C 和底铰 A 分别为水平和竖直无穷远铰，底铰 B 为实铰。这种情况与情况 2 的唯一区别在顶铰(情况 2 中顶铰 C 为实铰)，求反力的方法也与情况 2 基本相同，只是在求 F_{By}时要将情况 2 中刚片Ⅱ的平衡条件 $\sum M_C=0$换成$\sum F_y=0$。

情况 6(图 2.23f)：顶铰 C 和底铰 A 分别为竖直和水平无穷远铰，底铰 B 为实铰。这种情况与情况 3 的唯一区别在顶铰(情况 3 中顶铰 C 为实铰)，求反力的方法也与情况 3 基本相同，只是在求 F_{Bx}时要将情况 3 中刚片Ⅱ的平衡条件 $\sum M_C=0$换成$\sum F_x=0$。

以上 6 种情况，只要善于利用问题的特点，找好“突破点”或“切入点”，求解都不难。上面介绍的求解方法沿用了一般的三铰式结构“先取两个再取一个”刚片为隔离体的思路，只是在实铰变成无穷远铰时，所用的力矩平衡条件换成了投影平衡条件。

当顶铰为无穷远铰时，可以直接取上部的一个刚片求得某个反力分量，例如在情况 1(图 2.23a)中，先不求竖向反力，取刚片Ⅰ或Ⅱ为隔离体，由 $\sum F_x=0$ 也可以直接求得水平反力 F_{Ax} 或 F_{Bx}；但为了求出全部反力或反力偶，还是必须考虑上部结构的整体平衡条件。

支座等高时，顶铰为水平无穷远铰而两个底铰均为实铰将导致几何可变体系，因而是不允许的；但支座不等高时，上述情况又是可行的了，如图 2.24 所示。请读者自行计算其中的支座反力，并思考当 $h_A=h_B$ 时会出现什么情况。

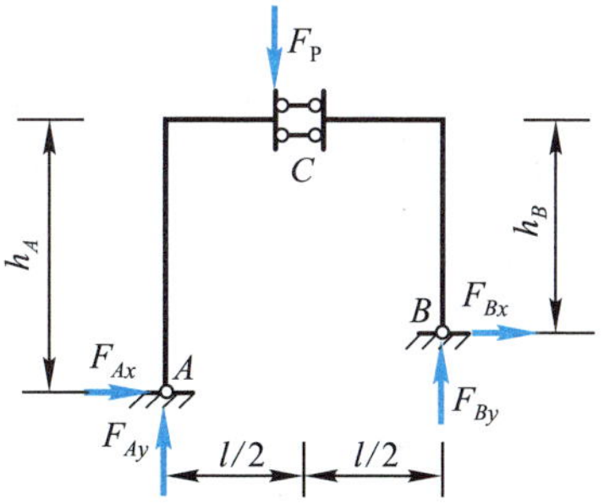

图 2.24

在第 5.11 节“形形色色的趣题(一)”中，将讨论一个较为困难的、更加“另类”的三铰式结构的例题(例 5.6)。

2.9 “庖丁解牛”的启示

庖丁为文惠君解牛。手之所触，肩之所倚，足之所履，膝之所踦，砉然响然，奏刀騞然，莫不中音：合于桑林之舞，乃中经首之会。文惠君曰：“譆！善哉！技盖至此乎？”庖丁释刀对曰：“臣之所好者道也，进乎技矣。始臣之解牛之时，所见无非牛者；三年之后，未尝见全牛也。方今之时，臣以神遇，而不以目视；官知止而神欲行，依乎天理，批大郤，道大窾，因其固然，技经肯綮之未尝，而况大軱乎！良庖岁更刀，割也；族庖月更刀，折也；今臣之刀十九年矣，所解数千牛矣，而刀刃若新发于硎。彼节者有间，而刀刃者无厚：以无厚入有间，恢恢乎其于游刃必有余地矣。是以十九年而刀刃若新发于硎。虽然，每至于族，吾见其难为，怵然为戒，视为止，行为迟，动刀甚微，謋然已解，如土委地；提刀而立，为之四顾，为之踌躇满志，善刀而藏之。”文惠君曰：“善哉！吾闻庖丁之言，得养生焉。”

——《庄子·养生主第三》

庄子不仅是一位伟大的思想家和哲学家，而且是一位杰出的语言大师。在他的笔下，“解牛”这样一件充满血腥和令人疲惫的工作被描写得如同音乐舞蹈一般美好。小小一段故事，不到三百字的文章，却给后世留下了四个成语（庖丁解牛、目无全牛、游刃有余、踌躇满志）！

更重要的是，庖丁的一席话，说出了他的“趣味解牛学”中所包含的深刻道理。这种道理可以推广应用于许多方面，例如庄子借文惠君之口所强调的它对于“养生”的启示；而本书作者要强调的当然要紧扣“趣味结构力学”这个主题。

就结构的内力计算而言，我们从庖丁解牛的故事中，可以得到哪些有益的启示呢？

首先，在计算内力之前，要对结构的几何组成有清楚的认识。

在庖丁的眼里，没有“铁板一块”的“全牛”，牛是一个由“技经肯綮”、“大軱”或人们常说的“硬骨头”，按照一定的规律组成的体系，在这些硬骨头之间是“大郤”、“大窾”，是“有间”的“节”。庖丁对牛体的骨骼构造有非常深刻而精确的认识，这是他“游刃有余”的基础。

在结构的内力计算中，我们的对象是由“刚片”和它们之间的联系（链杆、铰等）组成的结构。如果结构是“牛”，刚片就是“技经肯綮”和“大軱”，而刚片之间的联系就是“郤”、“窾”和“节”。我们要正确而高效地计算结构的内力，就必须分清哪里是“軱”，哪里是“节”。

其次，计算结构的内力要善于避实就虚，找准突破口，安排合理的解题路线。

庖丁解牛时，不像他的同行（有一定水平的“良庖”和一般的屠夫“族庖”）

那样，拿着刀去乱“割”瞎“折”，而是“依乎天理”，“因其固然”，以无厚之刃入有间之节。所以别人用的刀一年甚至一个月就要换一把，而他的刀用了十九年还像新磨过的一样。

在静定结构的内力计算中，最基本的方法是隔离体平衡法。隔离体怎样取，方程怎样列，未知力先求哪个再求哪个，大有讲究。我们希望每取一个隔离体都能求出尽可能多的未知力，每列一个方程都能解出一个未知力，以尽量少的隔离体、尽量少的方程，事半功倍地解决问题。

如果结构是以二元体规则形成的（例如简单桁架），则按照与结构形成过程相反的次序，以结点为隔离体，可以做到每取一个隔离体都能求出两个未知力，每列一个方程都能解出一个未知力，这就是结点法。但结点法往往有取隔离体过多、解题路线过于迂回的缺点。

如果结构是以两刚片规则或三刚片规则形成的，则刚片之间的链杆或铰就是“节”，从这里下刀（作截面），只要求解路线得当，可以求出“节”间的全部内力或反力而避免求解联立方程。关于这一点，在第 2.7 节和第 2.8 节关于“另类”三铰式结构的讨论中已经给出了不少例子，读者不妨回过头去，以“庖丁解牛”的目光重新审视它们的解法。

当然，庖丁也有感到“难为”的时候，那就是所谓“族”的情况。这时他“怵然为戒，视为止，行为迟，动刀甚微”，十分小心地寻找解决问题的办法。结构内力计算中，我们有时也会碰到这种情况，例如不能按基本规则分析的复杂静定结构就是这样。

图 2.25 所示为一个复杂静定结构，在求出反力和左边上下角的 4 根短杆的轴力（图中画圈的杆件为零杆，打叉的为已求出内力的杆件）以后，你会一时感到束手无策，因为在余下的部分中，所有的结点都与 3 个以上杆件连接，而且不管怎样作截面，截断的杆件不是不止 3 根，就是 3 根交于一点。事实上这部分的几何组成仅用基本规则也是无法分析的（可用零载法判定其几何不变）。但是仔细分析，你会发现事情不但没有“山穷水尽”，而且可走的路还不少。例如，作截面 $m-m$，虽然截断了 6 根杆件，但除了杆 1 和一根零杆以外，其余的 4 根杆件全都平行，因此杆 1 是“截面单杆”，其内力 F_{N1} 可以先行求出，这就是一个“节”，是问题的突破口；用类似方法可以求得 F_{N2}；接着，用结点法对结点 B 求出 F_{N3} 和 F_{N4}。下面的路越走越宽广，例如，求 F_{N5}，可以用截面法（截面 $n-n$），也可以用结点法（结点 C），等等。于

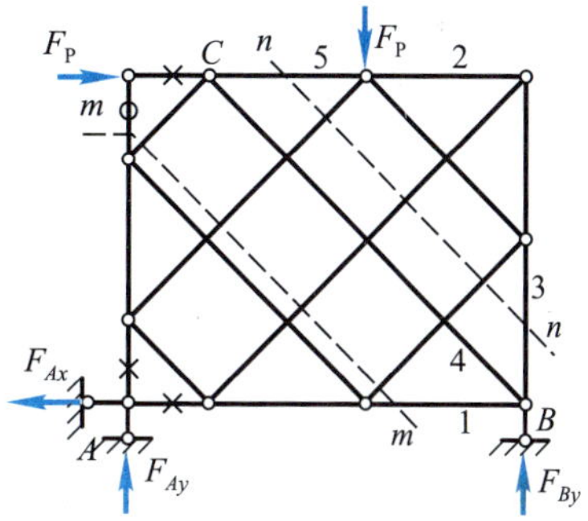

图 2.25

是，整个问题“謋然已解，如土委地”，这时你是不是也能体会到庖丁的那份“提刀而立，为之四顾，为之踌躇满志”的快乐呢？

静定结构内力计算中还有些更复杂的情况，需要运用点“非典型”技巧，请看第2.11节：再说“偷梁换柱”和“移花接木”。

最后，我们从庖丁解牛的故事中还可以得到一个重要的启示，那就是“道”和“技”的关系，以及兴趣对于学习的意义。

庖丁“所好者道也，进乎技矣”，他的一刀一式，他那舞蹈般的动作是“依乎天理”，“因其固然”的。这里的“道”、“天理”和“固然”就是他通过长期的实践（十九年、解牛数千）和思考，悟出并掌握了的客观规律和认识世界、改造世界的方法；他高超的解牛技艺，不过是这种认识和方法的运用罢了。学好结构力学，最重要的是我们前面反复强调的“三基”，而不是玩弄某些小的技巧和记住某些具体的、个别的结论。另一方面，我们还要通过结构力学的学习，改进自己的思想方法和学习方法，提高分析问题和解决问题的能力，从结构力学中悟出一些“道”来，这样，我们的收获，就会远远超乎结构力学之外了！

孔子曰：“知之者不如好之者，好之者不如乐之者”。庖丁自称“好道”，他是一个“好之者”是无疑的了。那么，他是不是也是一个“乐之者”呢？虽然他没有说，但看庄子对他的艺术表演般的解牛过程的描述，听他津津乐道的“趣味解牛学”及那溢于言表的自豪感，谁还会怀疑他的快乐呢？惟其好之、乐之，他才能不断探索，精益求精，不但使自己的解牛技艺达到了炉火纯青、出神入化的地步，而且能阐发出连他的国君都不得不折服的人生道理。

2.10 速画弯矩图的诀窍

作静定梁、静定刚架和静定组合结构的弯矩图，是结构力学中一项重要的、基础性的工作，也是一个令一些学生感到头疼的问题。经常听到有人在考试后诉苦：“不是不会做，而是来不及”，其原因之一，往往是他们在作弯矩图上花费了太多的时间。和做任何事情一样，作弯矩图也有快慢之分，“巧”“拙”之分。这一点，读者从前面的第2.4、2.5节中想必已有所体会。本节将就这一问题进一步讨论，对相关的经验或“诀窍”作一梳理。

为了正确而迅速地作出弯矩图，首先必须熟练掌握有关的基本概念、原理和方法，主要包括：

(1) 隔离体（整体、局部乃至一个结点）平衡法；

(2) 弯矩与荷载间的微分关系和增量关系及其在弯矩图上的反映；

(3) 作弯矩图的分段叠加法。

在此基础上，才谈得上理解和掌握下面介绍的“诀窍”。

诀窍 1：“对症下药”。

静定刚架按几何构造可分为悬臂式、简支式和三铰式三种基本类型，以这三种类型为基础还可以构造出由“基本部分”和“附属部分”组成的复合式刚架。对不同类型的刚架要采用不同的求解路线。

对悬臂式刚架，求解路线是“从自由端向固定端求解”，先求必要的控制截面弯矩，再用分段叠加法和微分或增量关系作图。参见下文的例 2.14。

对简支式和三铰式刚架，一般先求必要的反力（不一定要求全部反力！），其余求解路线与悬臂式相同。参见下文的例 2.15 和例 2.17。

对复合式刚架，一般按“先附属部分，后基本部分”的路线求解，参见下文的例 2.16 和例 2.18。

诀窍 2：先易后难。

从容易处入手，尽可能少计算，将能解决的问题首先解决，结果可能是整个问题迎刃而解，也可能是问题的简化或关键性难点的充分显露，从而有利于求解。

例 2.14 图 2.26a 所示为一悬臂式刚架，试画其弯矩图。

解 求解顺序如下：

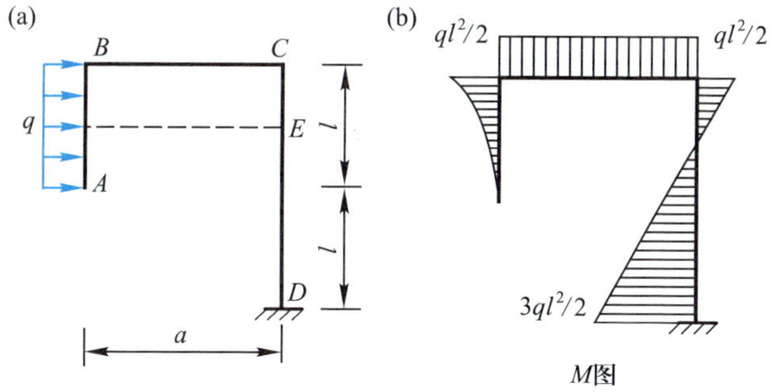

图 2.26

（1）作 AB 段的弯矩图（图 2.26b，下同）。

（2）由结点 B 的平衡条件 $\sum M_B=0$ 知 $M_{BC}=M_{BA}$，作 BC 段的弯矩图。因为 CBA 部分所受的外力平行于 BC 轴线，该段剪力为零，弯矩图为平行于杆轴的直线。

（3）作 CD 段的弯矩图。该段不受荷载作用，弯矩图为一直线。易知 $M_{CD}=M_{CB}=ql^2/2$，只要再找到一点就可以画出这条直线。最简便的方法是取左边分布荷载的合力的作用线与 CD 的交点 E，该处 $M=0$。由比例关系得 $M_{DC}=3M_{CD}=3ql^2/2$。

例 2.15 图 2.27a 所示为一简支式刚架，带有一个悬臂 CD，试画其弯矩图。

解 按照“先易后难”的思路,作图顺序如下:

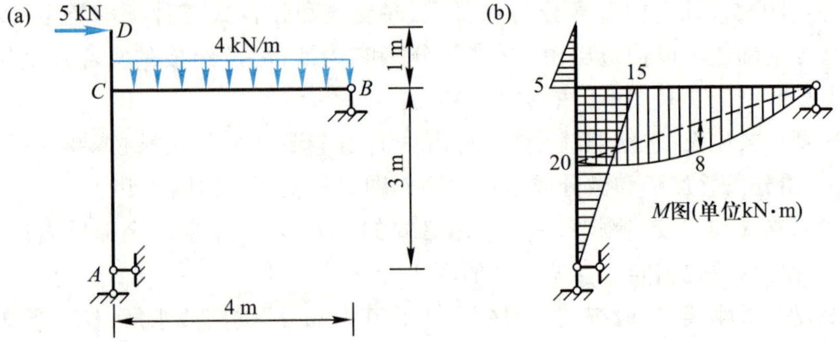

图 2.27

(1) 作悬臂段 CD 的弯矩图(图 2.27b,下同)。

(2) 易知支座 A 的水平反力为 5 kN(←),作 AC 段的弯矩图(支座 A 的竖向反力不引起弯矩,无须计算)。

(3) 由结点 C 的平衡条件及已知的两个弯矩求出 $M_{CB}=20\ \mathrm{kN\cdot m}$,用叠加法作 CB 段的弯矩图(B 处的竖向反力无须计算)。

诀窍 3:先定性,再定量。

在很多情况下,根据刚架的组成及受力特点,可以先定性判断其弯矩图的形状,再辅以少量必要的计算,求出控制截面的弯矩值,实际上这也是一种“先易后难”。上面的例 2.14 和例 2.15 都可以这样求解,下面再补充一个例子。

例 2.16 图 2.28a 所示为一复合式刚架,AE 为基本部分,$EBFG$ 为第一级附属部分,$GHCD$ 为第二级附属部分。试画其弯矩图。

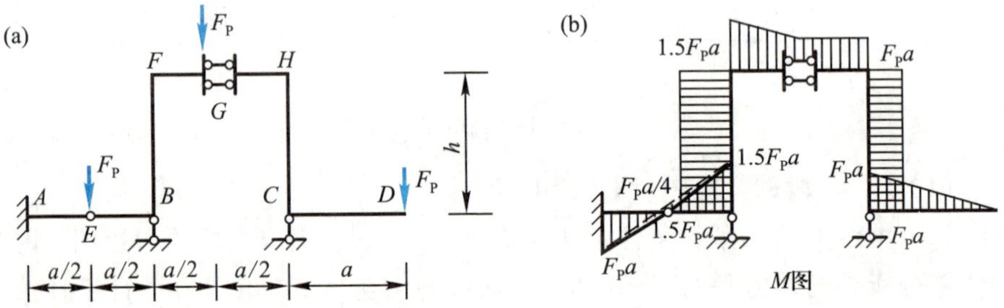

图 2.28

解 求解顺序如下:

(1) 确定弯矩图的形状(图 2.28b)。其中杆 BF、CH 和 GH 的剪力为零,弯矩图为平行于杆轴的直线;E、G 两个截面的左边和右边弯矩图的斜率不同。

(2) 从右向左计算角点及固定端的弯矩值。其中 $M_{FG}=F_P\times a/2+F_Pa=1.5F_Pa$。计算 M_{AE}有两种方法,一种是依次求出支座反力 $F_{RC}=F_P$、$F_{RB}=4F_P$ 和

铰 E 左边的剪力 $F_{QEA}=-2F_P$，再求 M_{AE}；另一种是反用叠加法（参考第 2.4 节），利用 $(M_{BA}-M_{AB})/2=F_Pa/4$。

诀窍 4：利用对称性。

对称刚架在对称或反对称荷载作用下的弯矩图分别是对称的或反对称的，这一性质可用来简化弯矩图的作图过程。

例 2.17 图 2.29a 所示为一个“另类”的三铰式对称刚架，画其弯矩图。

解 求解顺序如下：

（1）竖杆 BG、CI 只受轴力作用，弯矩为零；由于对称性，其弯矩图的形状如图 2.29b 所示（先定性），反用叠加法可知 $M_1=qa^2/8$。

（2）反用叠加法求 M_2。因为 $(M_1+M_2)/2=qb^2/8$，故得 $M_2=qb^2/4-M_1=q(2b^2-a^2)/8$。

由于利用了对称性并灵活运用了叠加法，在上述作弯矩图的过程中无须计算任何反力。需要时，反力可以利用弯矩图反求出来，例如水平反力 $F_H=M_2/h$。根据以上计算结果，当 $b=\sqrt{2}a/2$ 时，$M_2=0$，$F_H=0$，竖杆 AE、DK 中没有弯矩；当 $b<\sqrt{2}a/2$ 时，$M_2<0$，F_H 的方向与图 2.29b 所示的相反，AE、DK 内侧受拉，EF、JK 下侧受拉。

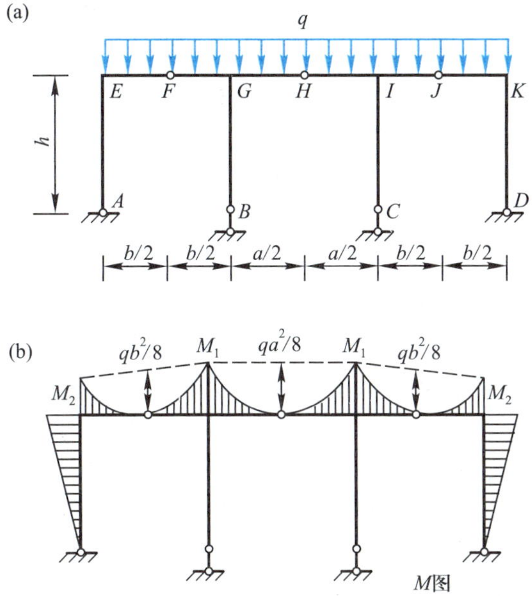

图 2.29

在 4 个“诀窍”中，最有用的是“先易后难”和“先定性，再定量”。利用这两点，常常可以把一些表面上的难题层层化解，最后使其“謋然已解，如土委地”。下面再分析一个例子。

例 2.18 图 2.30a 所示为一个复合式刚架，其基本部分是一个“另类”的三铰式刚架，有两个无穷远铰；附属部分是一个简支式刚架。试简析其弯矩图的作法。

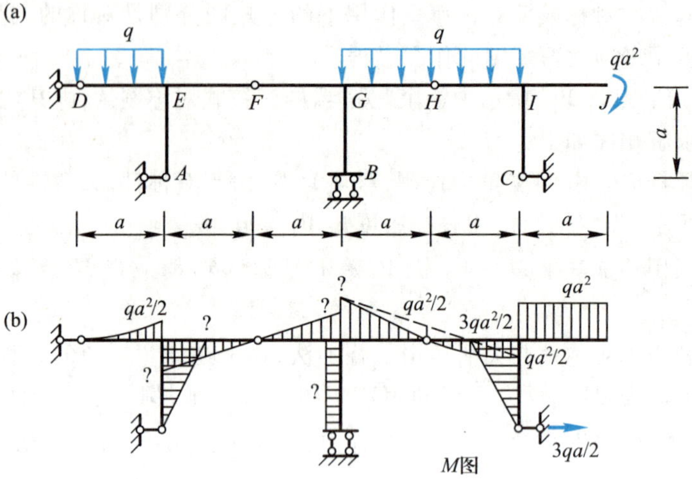

图 2.30

分析 (1) 杆 DE、IJ 的弯矩图可以先画出来；由附属部分的平衡条件 $\sum M_H=0$ 很容易求得 $F_{Cx}=3qa/2(\rightarrow)$；根据这些分析和简单的计算，加上应用“微分关系”和叠加法，已经可以画出图 2.30b 所示的弯矩图，其中只剩下几个控制截面的弯矩值（图中的“?”）需要计算了。

(2) 这些“?”都不难计算。例如，很容易由 $F_{QF}=qa$ 求出 M_{EF} 和 M_{GF}，其余的“?”迎刃而解。

2.11 再说“偷梁换柱”和“移花接木”

“偷梁换柱”和“移花接木”，是第 1 章“几何组成分析”中介绍过的“三十六计”中的两条。“偷梁换柱”，是用铰接三角形代替体系中的比较复杂的刚片，使体系得到简化；“移花接木”，是在体系中移去一些链杆、再添加一些链杆，或者说将一些链杆“搬家”，同样达到简化体系的目的。在静定结构的内力计算中，这两条妙计有时也能派上用场。

结构的内力计算与几何组成分析之间有着密切的关系。几何组成分析可以帮内力计算找到“节”，提示恰当的解题路线；几何组成分析问题也可以转化为内力分析问题，例如零载法。如果某个体系的几何组成分析要借助于“偷梁换柱”或“移花接木”之类的技巧，那么，这个体系的内力计算问题一般也可以借助这类技巧。

例如，图 1.4a 所示的体系，为了分析它的几何组成，可用“偷梁换柱”法，将左边的刚片替换为铰接三角形，得到图 1.1a 所示的简化体系。现在，在该体系几何不变的前提下，给它加上一定的荷载，要求计算相应的内力。除了 *GD* 杆和 *HE* 杆以外，无论用截面法还是结点法，求其余杆件的内力都需要先求反力。这时可以故技重演，仍将结构先简化成图 1.1a，再用第 2.7 节或第 2.8 节的方法，就不难求得反力了。更复杂的情况也可照此办理，例如为了计算图 1.5a 所示的桁架在荷载作用下的内力，可以先将它简化成图 1.5b，求得相同荷载作用下的反力，再回到图 1.5a 去求各杆的内力。

计算图 1.4a 或图 1.5a 所示的桁架在荷载作用下的内力，还可以用其他方法，例如“移花接木”法。这两个桁架的共同特点是外部多一个约束而内部少一个约束。

以图 1.5a 所示桁架为例。给这个桁架加上荷载，如图 2.31a 所示。为了计算桁架的内力，我们取它的“多余”反力 $F_{RF}=X_1$ 为基本未知量。这里所谓“多余”是指反力的个数超过了整体平衡方程的个数，与超静定结构里“多余”未知力的概念既相似又有区别。X_1 一旦确定，其余反力和内力的计算问题便迎刃而解了。具体步骤如下：

(1) 撤掉结点 *F* 处的支杆，同时在桁架内部添加一个杆件 *DE*，记作杆件“1”，将它变成一个简单桁架，并且在结点 *F* 加上相应的支座反力 X_1（图 2.31b）。

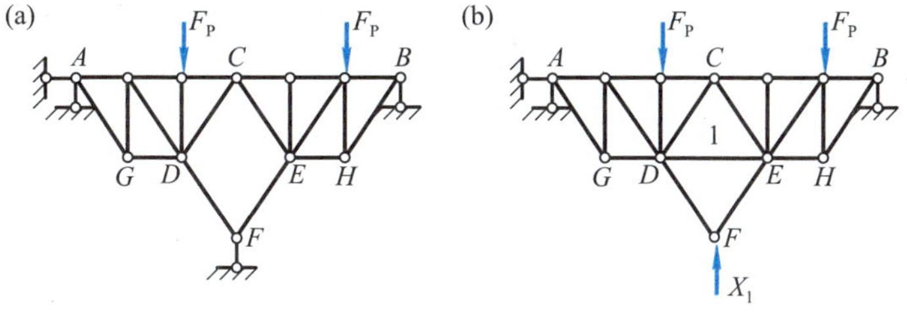

图 2.31

(2) 计算简单桁架在单位“多余”反力 $\overline{X}_1=1$ 作用下各杆的内力 $\overline{F}_{N1}$，其中杆 1 的内力为 f_{11}；计算简单桁架在荷载作用下各杆的内力 F_{NP}，其中杆 1 的内力为 F_{1P}。

(3) 如果 X_1 恰好等于原结构的反力 F_{RF}，则在荷载和 X_1 的共同作用下，添加的杆件 1 中的内力也应该和原结构一样，即有 $F_{N1}=0$。根据叠加原理，有

$$f_{11}X_1+F_{1P}=0 \tag{2.5}$$

(4) 从第 1.4 节已经知道，对于几何不变体系，$f_{11}\neq 0$。因此，由式(2.5)可以解出

$$X_1 = -F_{1P}/f_{11}$$

(5) 利用叠加原理求桁架各杆的内力

$$F_N = X_1 \overline{F}_{N1} + F_{NP} \tag{2.6}$$

这种方法在1.4节中介绍过,称为"移花接木"法或杆件代替法。不同的是,在1.4节中是为了判断体系是否几何不变,在零荷载条件下考察体系的内力是否只能为零;现在是在体系几何不变的前提下,在非零荷载的作用下计算桁架的内力。这一方法还可以推广到外部多余 n 个约束而内部缺少 n 个约束的桁架的内力计算问题,这里从略(参见第1.4节,$n=2$)。

利用替换杆件的方法还可以将结构与地基连接的虚铰转化为实铰,从而使问题便于分析,这也是一种"移花接木"。下面结合第2.7节中的例题对此进行讨论。

先看例2.11(图2.20a)。在静定结构的内力计算中,我们假定结构的变形是微小的,列平衡方程可以不考虑结构的变形。因此,结构中的两个铰 A、B 可视为固定铰支座,支杆1和3可以分别移到 A 和 B,或者说撤掉 D、E 两处原有的支杆而在 A、B 两处添加相应的竖向支杆,如图2.32a所示。

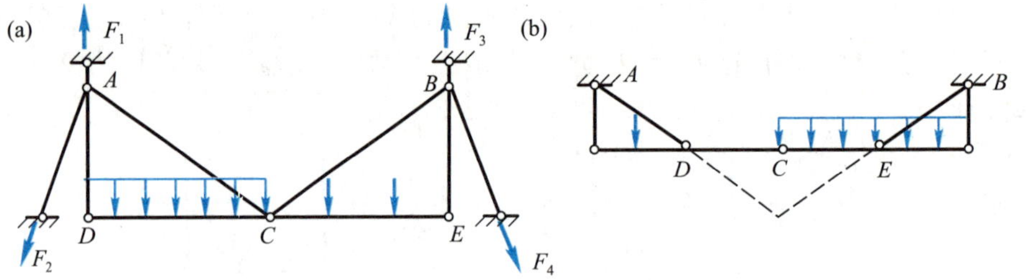

图2.32

两个竖向支杆的"搬家",使得原来的两个虚铰 A 和 B 变成了实铰。用分析常规(区别于"另类")三铰拱的方法很容易求得铰 A 和 B 处的竖向反力和水平反力,然后将它们转化为斜向支杆和竖向支杆的反力并求得结构的内力。

需要注意的是:虽然竖向支杆1和3"搬家"并不影响相应反力 F_1 和 F_3 的大小和方向,也不影响结构其余部分的内力,但是杆 AD 和 BE 的轴力将会受到影响,因为这两个支杆的"搬家"相当于给 AD 和 BE 各施加了一对大小分别等于 F_1 和 F_3、方向相反的平衡力。为了正确计算这两个轴力,必须在图2.32a中杆 AD 和 BE 的轴力上分别叠加数值等于 $-F_1$ 和 $-F_3$ 的轴力(F_1 和 F_3 以向上为正)。

再看例2.12(图2.21a)。基于同样的理由,可以通过"移花接木"将结构转化为图2.32b所示的"倒挂"三铰式结构,具体讨论从略。按图2.32b计算得到的水平杆件的内力与原结构相同，原结构中支杆 2 和 4 的轴力则分别由图 2.32b 中杆 AD 和 BE 的轴力所代表，它们之间的关系为：$F_{N2}=-F_{NAD}$，$F_{N4}=-F_{NBE}$。

用同样的方法也可以将例 2.13（图 2.22a）中结构与地基连接的虚铰转化为实铰，结果如图 2.33 所示，其中支杆 1′、2′、3′分别是原结构的支杆 1、2、3“移花接木”后的结果。讨论从略。

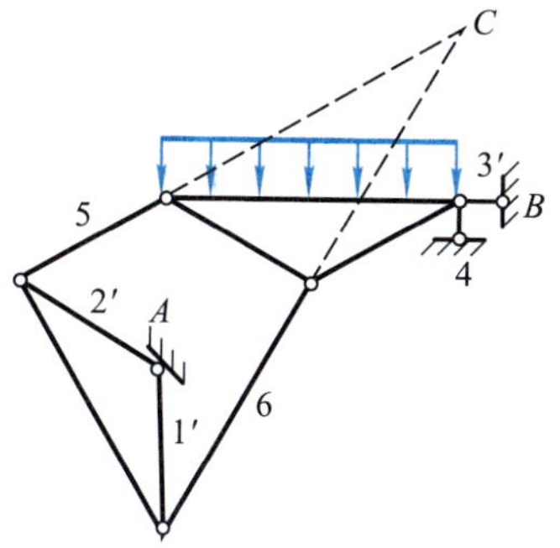

图 2.33

2.12 “偷梁换柱”说连拱

在第一章第 1.5 节“十七孔桥是几何不变的吗？”中，我们用零载法分析了图 2.34a 所示的 n 跨、$(2n+1)$ 铰连拱体系的几何组成，结论是：当 n 为奇数，体系几何不变，且无多余约束；当 n 为偶数，体系几何可变（瞬变）。为了得出这一结论，需要在零荷载条件下，假定支座水平反力为 F_H，从一端向另一端逐个计算竖向支座的反力，根据是否导致矛盾来判断 F_H 是否必须为零。这一方法的逻辑性很清楚，只是计算量大了一些，形象性略显欠缺。现在，我们画弯矩图的本领大了，有点“道进乎技”的意思了，能否把这点本领用到这个问题上来呢？

但是，拱和刚架不同，前者是曲杆体系而后者是直杆体系；作刚架的弯矩图，微分关系及其图形显示、叠加法可以大显神通，而它们碰到拱就不那么神气了。这样说，并不意味着拱结构没有相应的微分关系、不适用叠加原理，而是说这些关系和原理用起来不像在直杆体系里那样方便。为了解决这个问题，我们先要重施故技，来一个“偷梁换柱”，把拱变成刚架。

试比较图 2.34a 和 b 所示的两个体系。一个是一连串的三铰拱，一个是一连串的三铰刚架，它们的 $2n+1$ 个铰的位置完全相同，$2n+1$ 个刚片（将地基也看成一个刚片）彼此之间的连接方式也并无二致，仅上部杆件（刚片）有曲、折的区别。因此，这两个体系的几何组成是完全相同的，我们可以分析（b）来代替

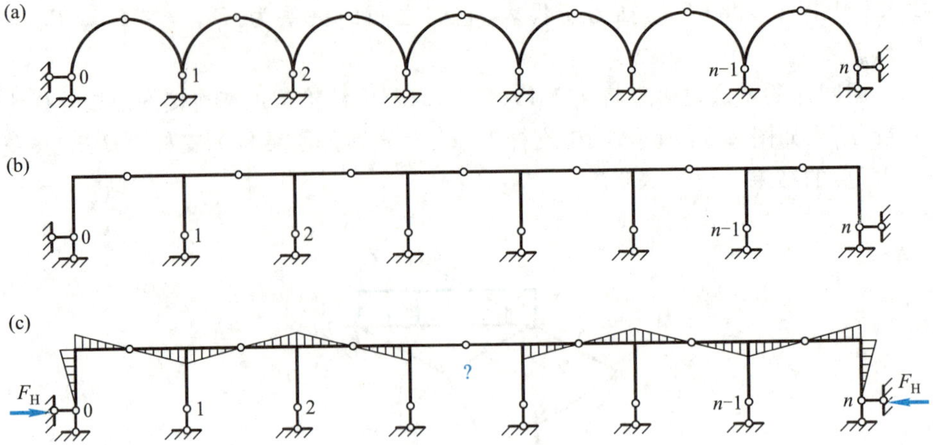

图 2.34

(a),这样,我们所熟悉的方法就可以大行其道了。

设体系在零荷载下存在内力,相应的支座水平反力为 F_H。从左向右、从右向左分别作刚架的弯矩图,如图 2.34c 所示。因为没有荷载,弯矩图由直线组成,并且除左右两端以外,竖杆的弯矩均为零。这两部分的弯矩图画起来如行云流水般顺畅,根本不需要什么计算;当左右两部分弯矩图在中间碰撞时,就要分两种情况来考虑;

(1) n 为奇数,中跨的弯矩图无法作出:它必须是直线,又必须通过中跨的顶铰,而它两端的弯矩值却是相同的,这就导致了矛盾,除非 $F_H=0$,从而所有的弯矩也都为零。

(2) n 为偶数,不存在"中跨",两边的弯矩图相逢于中间的竖杆,在这里两边的弯矩值相等,毫无矛盾,双方握手言欢。

不管 n 为奇数还是偶数,体系的计算自由度都是 0。根据零载法的原理,图 2.34b 所示的体系当 n 为奇数时几何不变,且无多余约束;当 n 为偶数时几何可变(瞬变)。这也就是图 2.34a 所示体系的几何组成性质。

很容易看到,只要各跨的顶铰都在跨中,连拱的各个跨度是否相等并不影响以上结论,甚至体系就跨度而言在整体上是否对称都没有关系,只要在各跨的高度上保持对称即可。对于半圆拱,跨度不等,高度也就不等了,各跨不等高会不会影响体系的几何组成性质呢?

我们先来看一个最简单的例子。图 2.35a 所示的对称三跨七铰拱,当各跨等高时,它是几何不变的;现在高度不等了,当两个虚铰与中间的实铰共线时,即使是奇数跨,它也是几何可变(瞬变)的了,容易看出,此时中跨的高度恰好为边

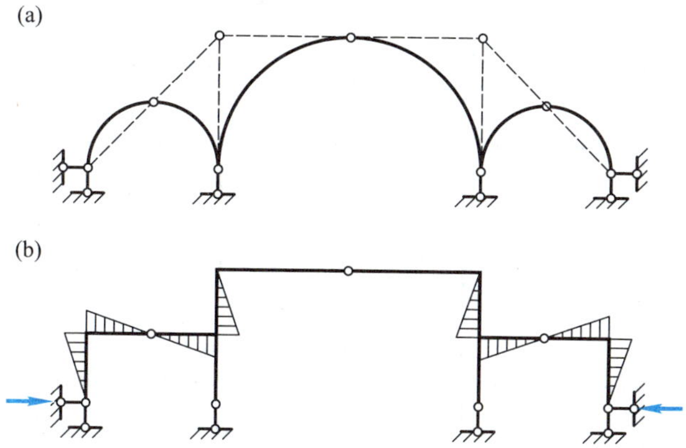

图 2.35

跨的两倍，对其他高度比，体系仍然是几何不变的。

用“偷梁换柱”法得到的刚架及相应的零载下弯矩图如图 2.35b 所示。这时中间竖杆的下部无弯矩而上部有弯矩。易知其上部的剪力与两边的竖杆相等，因此弯矩图的斜率也与边竖杆相同；从而中间竖杆顶部的弯矩恰好为零，这样，从左右两边画过来的弯矩图就不发生矛盾了，体系几何可变！

从这个例子可知，当各跨高度不等时，即使是奇数跨，在特定高度比下，连拱也有可能几何可变。让我们再来看一个复杂点的例子。

例 2.19 试分析图 2.36a 所示体系的几何组成。

解 将连拱体系转化为几何组成相同的刚架，如图 2.36b 所示。

设体系在零荷载下支座有水平反力，从两边向中间作刚架的弯矩图，出现两种情况：

(1) 中间三跨的高度相同，并且恰为边跨高度的 2 倍。在此情况下，左右两边第二根竖杆顶端的弯矩为零，从而中间三跨水平杆的弯矩为零，不导致矛盾，因此，体系几何可变。

(2) 其他情况，如图 2.36c 所示，中跨的弯矩图无法完成，导致矛盾，弯矩和其他内力、反力只能为零，因此，体系是几何不变的。

注意，如果中跨与其左右两跨高度不等，即使这两跨与边跨的高度比为 2∶1，它们的水平杆上无弯矩，中跨仍然会出现与顶铰矛盾的非零弯矩（图 2.36d），体系也是几何不变的。

总起来说，当各跨的高度不等时，连拱体系的几何组成分析是一个比较复杂的问题，必须特别小心；而本节所介绍的“偷梁换柱”后作零荷载下弯矩图的方法，不失为化繁为简的一个手段。

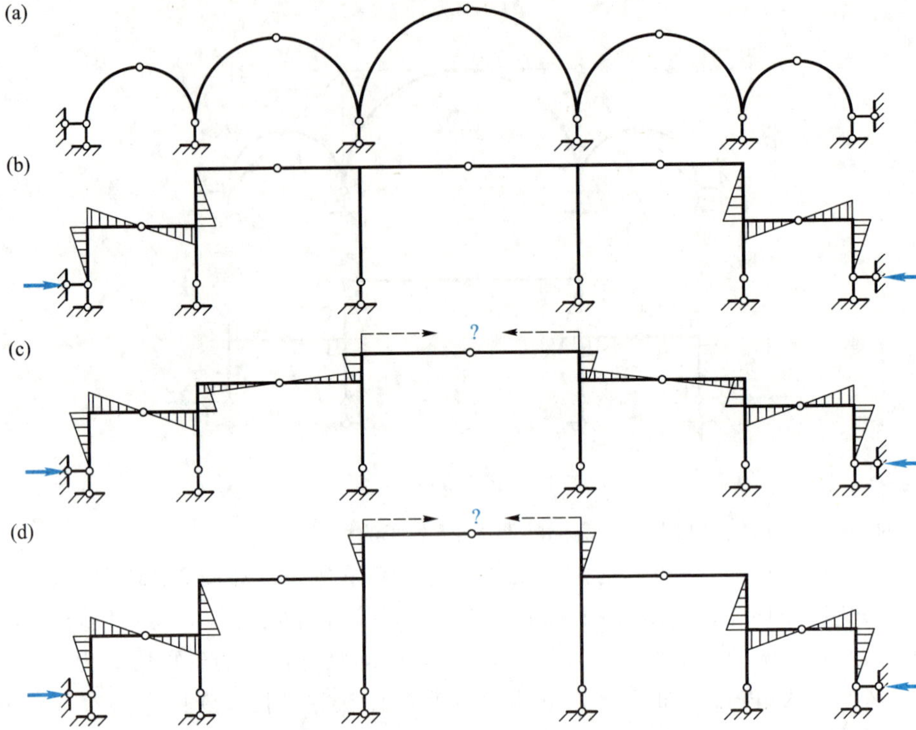

图 2.36

2.13 恼人的组合结构

组合结构是由梁式杆和二力杆组成的结构，其内力计算的要点也正在于“分清梁式杆和二力杆”：截断二力杆，暴露出的内力只有轴力；截断梁式杆，则暴露出的内力除了轴力还有剪力和弯矩。这些似乎都是老生常谈了，然而无论教师怎么强调，总还是有学生要在这一问题上犯错误。作者因此特地在这里再次强调一下，敲一敲“警钟”，尽管这一问题也许并不那么有趣，甚至还有点恼人。

下面的例子，多数读者对它并不感到生疏。

例 2.20 图 2.37a 所示为一个组合结构，试求作梁式杆的弯矩图，并求出二力杆的轴力。

解 本题的关键是求二力杆 DE 的轴力。在求出支座的竖向反力以后，作截面 $m-m$，取截面的左边部分为隔离体，对铰 C 取矩，可以求得 F_{NDE}；接着用结点法求出斜杆和竖杆的轴力；最后作梁式杆的弯矩图。这是本题的“正解”，无

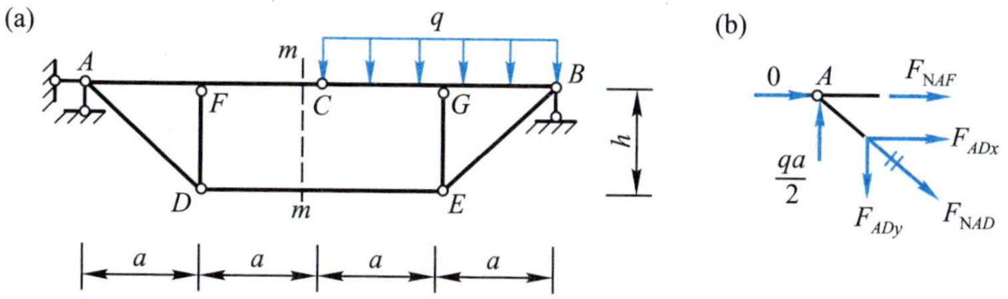

图 2.37

须多说。

一个常见的错误是：首先，求反力，$F_{Ax}=0$，$F_{Ay}=qa/2$；其次，取结点 A 为隔离体（图 2.37b），得 $F_{ADy}=qa/2$，$F_{NAF}=-F_{ADx}=-qa^2/2h$……接下去的计算当然是矛盾百出，一塌糊涂。

以上计算错就错在取结点 A 为隔离体时把被截断的两根杆件之一 AF 也当成了二力杆，从而在标注未知力时漏掉了该杆的剪力 F_{QAF}。实际上，由于 F_{QAF} 也是未知力，从这个隔离体一个未知力也求不出来。取这个隔离体，用庖丁的话来说就是"割也"、"折也"，是一刀下去砍错了地方，结果这一刀就白砍了。

上面这种错误可能也是人所共知的。但尽管如此，类似的错误还是时有发生。下面的问题，走入歧路的就更不在少数了。

例 2.21 图 2.38 所示结构中，杆 BC 是：(A)拉杆？(B) 压杆？(C)零杆？

请读者先不要往下看，自己想一想应该选 A？选 B？还是选 C？

对于这道选择题，相当多的人选 A。分析其原因，可能又是错误的"直觉"在作怪，杆 CD 和 BD 都是零杆（这没有错），结点 C 有水平力向左作用，BC 杆当然是被向右拉啦！

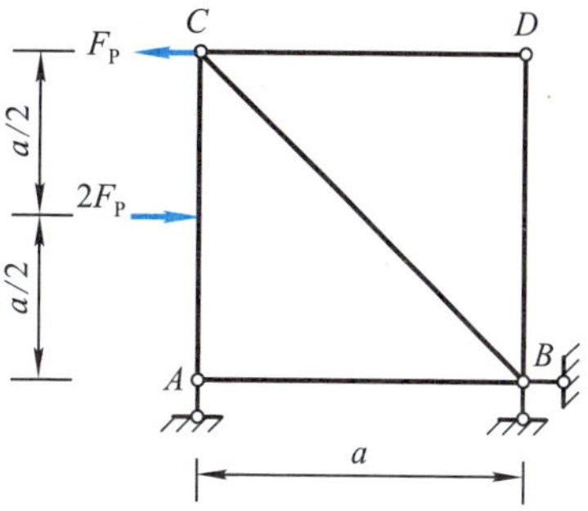

图 2.38

本题的正确答案是 C，BC 杆是零杆。对此也可以凭直觉来判断：支座 B 的水平反力等于 F_P 并向左作用，通过 AB 杆传递到结点 A；结构是静定的，它的一部分（AC、AB 和支座 B 的水平支杆）可以在荷载下维持平衡，其余部分当然不受力啦！

还有人这样想：集中力 $2F_P$ 作用于杆 AC 的中点，我把它分一半到结点 C，正好与那里的结点荷载抵消。BC 杆当然不受力啦！

同为"直觉"，有对有错。对的在于熟练掌握了静定结构的特性并运用自如（"把 $2F_P$ 分一半到结点 C"的想法就是"静力等效代换"），错的在于错把结构当成了桁架，用结点法时忘记了 AC 杆 C 端的剪力。其实，本题的结构不是桁架而是组合结构，AC 杆是梁式杆。

当然，选 A 也可能是因为根本没看见杆 AC 中点的集中力，选 C 也可能不是凭直觉而是老老实实地先求 F_{QCA} 再考虑结点 C 的平衡的结果。后者不失稳健，前者则不是趣味结构力学所能解决的问题了！

例 2.20 除了“正解”之外，有没有别的解法？比如说，能不能不求 F_{NDE} 就把弯矩图画出来？这又是一个有趣的问题，参见第 5.11 节“形形色色的趣题（一）”中的例 5.7。

2.14　拱与悬索结构的比较

拱结构和悬索结构是在土木工程中应用较广的两种结构形式。这两种结构形式之间存在着有趣的对偶性，主要有以下几个方面。

(1) 在外形上，拱和悬索的轴线一般都是曲线，但凹凸性相反：前者上拱，后者下垂。

(2) 在竖向荷载作用下，拱和悬索的内力都是轴力或以轴力为主，但符号相反：拱以受压为主，悬索只受拉力。

(3) 拱（无拉杆）和悬索的支座在竖向荷载作用下都会产生水平反力，但方向相反：前者为向内的推力，后者为向外的拉力。

通过上面的比较，我们可能会获得一个印象，那就是拱与悬索是处处相反的，只要把拱分析清楚了，荷载不变，把拱“翻个个”，就得到相应的悬索；它的内力和水平反力都不需要计算，只要“变变号”就行了。可惜问题并不是这么简单。

下面举一个简单的例子。

图 2.39a 所示为一个受竖向荷载作用的三铰拱，把它翻过来，并且把支座水平反力也变一下方向（荷载和竖向反力方向不变），得到图 2.39b，这就是相应的悬索结构吗？

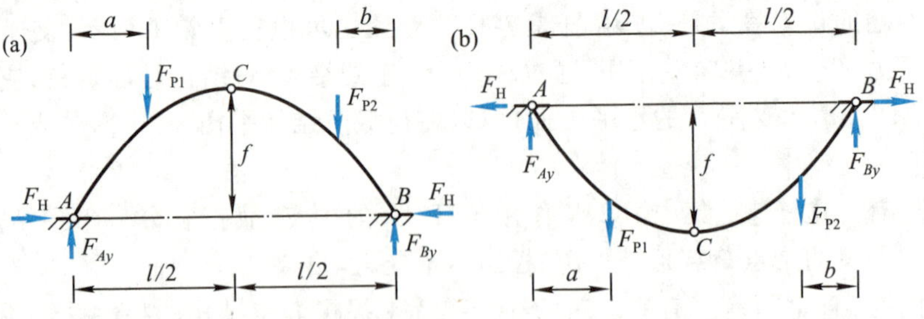

图 2.39

在荷载作用下，图 2.39a 所示的三铰拱不仅会产生轴力（压力），还会产生弯矩和剪力；一"翻"一"变"，图 2.39b 所示的结构中轴力变成了拉力，但弯矩和剪力依然存在。这不是悬索结构，因为悬索结构有一条基本假定是：索只能受拉，不能受压、受弯和受剪。在其他条件不变的情况下，如果把图 2.39b 所示结构的材料换成索，它不会维持图示曲线的形状，而会变成折线形，如图 2.40a 所示；形状一变，弯矩和剪力没有了，轴力会有相应的变化，支座水平反力的值也会改变。

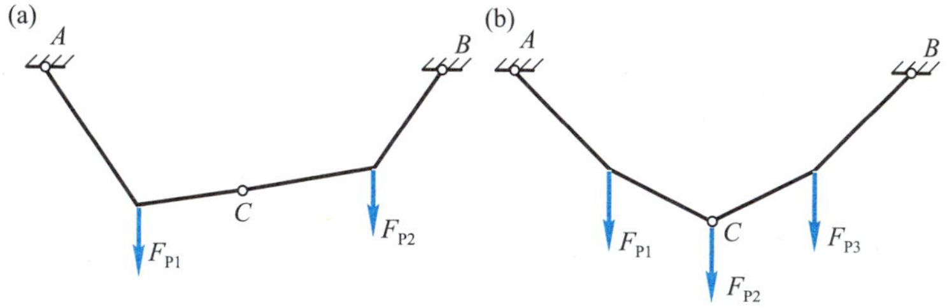

图 2.40

上面这个简单的例子，道出了悬索结构与拱结构的一个根本的区别，那就是：拱是几何不变的刚性结构，其变形是微小的，不影响力的作用，因此在列拱的平衡方程时，可以不考虑它的变形；而悬索是几何可变的柔性结构，其形状随荷载的形式而改变，它的变形对力的平衡至关重要，在列悬索结构的平衡方程时，不能不考虑它的变形。

悬索结构几何可变，以图 2.40a 所示的悬索结构为例，它的自由度是多少？答案是"无穷大"！因为索不能受弯，它的任何一个结点都可以看成铰结点，因此可以把一根悬索想象成由无穷多个长度无限小的单元以无穷多个铰联结而成的体系。这样的体系没有固定的形状，换一种荷载，就换一个形状。图 2.40a 中的悬索在另一种荷载下的形状如图 2.40b 所示。只有在分布荷载作用下，悬索才会呈现曲线的形式：在沿水平方向均布的荷载作用下，它的形状是二次抛物线；在沿索的长度方向均布的荷载作用下，它的形状是悬链线。

悬索结构的上述特性使我们联想到拱的合理轴线或理想轴线。的确，如果在给定荷载下一个拱的轴线是合理轴线，把它翻过来，就可以得到悬索结构的轴线了，因为在翻转之前，拱里本来就不存在弯矩和剪力。

拱的合理轴线总是对于某种特定荷载而言的。在一种荷载下"合理"的轴线，在另一种荷载下就不再是合理的了。而悬索结构总是能适应荷载的变化而自动定位于合理轴线。悬索结构的这一特点为我们提供了一种寻找拱的合理轴线的实验方法：给一根索施加所考虑的荷载，得到一根曲线或折线，再把它翻上去，这就是我们所需要的拱的合理轴线的形状了！这比前面"把拱翻下来得到悬索”的想法要有用得多。

在悬索结构中，索只受拉力，因而不存在受压构件（例如拱、刚架结构中的柱、桁架中的压杆）的失稳及某些结构的整体失稳问题，不受“长细比”的限制，材料的强度可以得到充分的发挥，这是它的优点之一；另一方面，悬索的柔性或几何可变性则是一个问题，因为在大多数情况下，我们是不希望结构的形状随着荷载的形式而发生显著改变的。悬索结构的这一问题可以通过在体系中引进预应力得到解决（参见第 1.7 节）。

在悬索结构中引进预应力的方法很多，一个最简单的方法是利用屋面或桥面的自重在悬索中建立预应力，使结构在活荷载的作用下产生的附加变形小到可以忽略的程度，例如图 2.41a 所示的单索悬索屋面。此外，还可以用加劲梁、稳定索引进预应力，与承重索共同组成具有一定刚度的体系，例如图 1.15 所示的索桁架，其中下凹的是承重索，上凸的是稳定索；将承重索和稳定索交叉布置，就得到索网结构，如图 2.41b 所示的双曲抛物面索网。4.7 节中将介绍一个采用了稳定索的悬索桥（彩图 3）的实例，可供参考。

拱与悬索，凹凸有致，拉压互补，刚柔相济，为土木工程结构形式的多样性提供了广阔的空间。

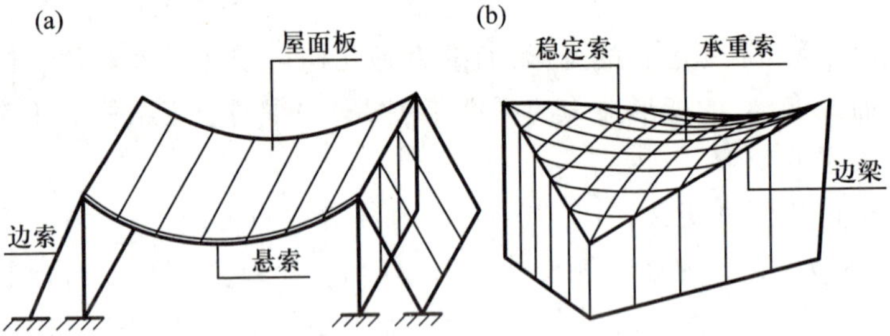

图 2.41

第3章

结构的位移计算

3.1 结构中的“火柴杆游戏”

读者对于移火柴杆的游戏也许并不陌生。例如，图3.1a所示的式子“5+4=6”本来是错误的，移动两根火柴杆，可以将它变成一个正确的等式“2+4=6”，如图3.1b所示；还可以只移动一根火柴杆，将它变成“5+4=9”，如图3.1c所示。

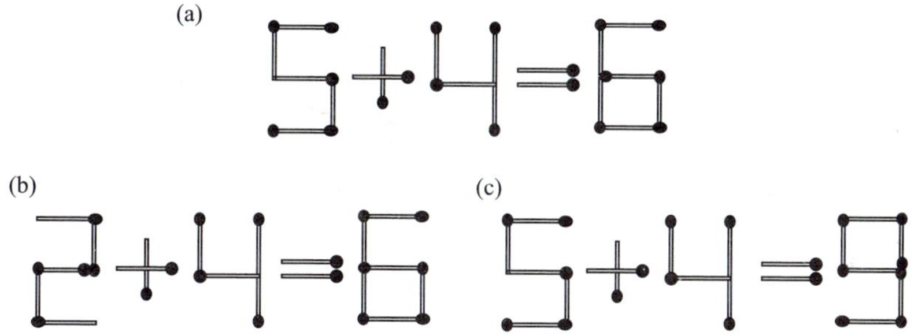

图3.1

移动火柴杆，使本来不成立的式子变成等式，在结构设计中也有类似的问题。如果我们将结构中的杆件看成长短不一的“火柴杆”，那么一定数量的“火柴杆”如果搭配得当，可以组成一个几何不变体系，否则将会得到几何可变体系。图3.2a所示的几何不变体系，移动一根“火柴杆”，就变成了图3.2b所示的几何可变体系。这样的例子是不胜枚举的。

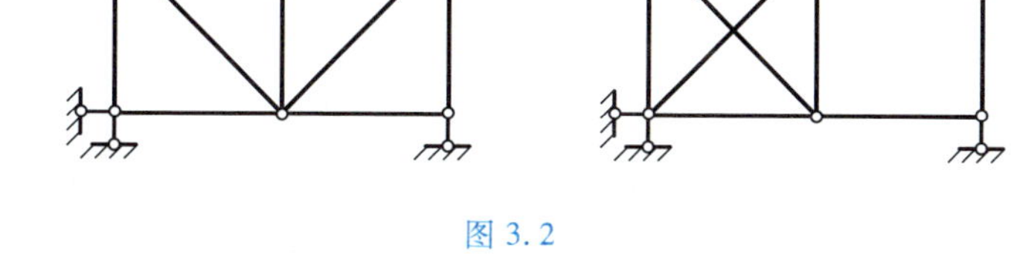

图3.2

本节所要讨论的“火柴杆游戏”比上面的问题要稍稍复杂一些，“高级”一些。请看图3.3a所示的桁架。设 EA = 常数，在荷载作用下，如果将桁架上弦中点的挠度取为衡量刚度的指标，挠度越小则刚度越大，那么，有没有办法只改变两根“火柴杆”的位置，就能使桁架的刚度提高1倍（在相同的荷载作用下挠度减小一半）？答案是肯定的，如图3.3b所示。下面为讨论方便起见，我们将这两个桁架分别称为“桁架1”和“桁架2”。

图3.3给出了两个桁架在荷载作用下杆件的轴力。为了计算位移，在图3.4中给出了它们在上弦中点受单位荷载作用时的内力。考虑结构和荷载的对称性，两个图中都只给出了左半边结构的内力。用单位荷载法，由图3.3a和图3.4a得桁架1上弦中点的竖向位移为

$$\frac{F_{\mathrm{P}}a}{EA}\times\left\{2\times\left[(-0.5)^2\times1+\left(\frac{\sqrt{2}}{2}\right)^2\times\sqrt{2}+(-1.5)\times(-0.5)\times1\right]+(-1)^2\times1\right\}=(3+\sqrt{2})\frac{F_{\mathrm{P}}a}{EA}\approx4.414\frac{F_{\mathrm{P}}a}{EA}$$

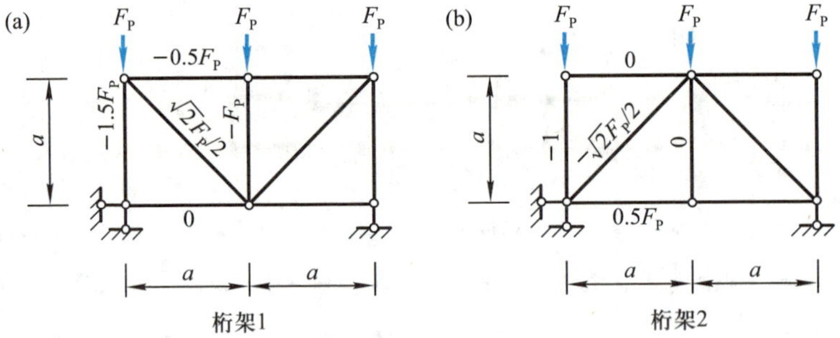

图3.3

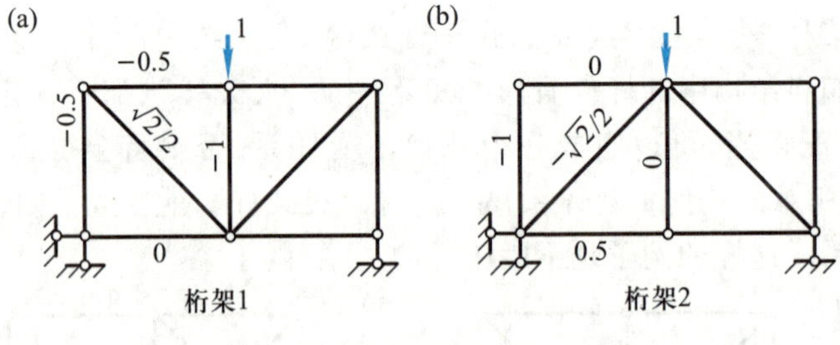

图3.4

由图3.3b和图3.4b得桁架2上弦中点的竖向位移为

$$\frac{F_{\mathrm{P}}a}{EA}\times2\times\left[0.5^2\times1+\left(-\frac{\sqrt{2}}{2}\right)^2\times\sqrt{2}\right]=(0.5+\sqrt{2})\frac{F_{\mathrm{P}}a}{EA}\approx1.914\frac{F_{\mathrm{P}}a}{EA}$$

通过改变两根“火柴杆”即斜腹杆的位置，使桁架的刚度提高了1倍以上！从表面上看，两个桁架非常相似，它们的刚度怎么会有如此大的差别呢？这一问题可以从“传力路径”的概念得到解释。

如果只考虑上弦中点的集中荷载，则两个桁架的传力路径有很大的不同。桁架1为中间竖杆→斜杆→边竖杆→支座，同时引起上弦杆的压缩；桁架2的传力路径为斜杆→支座，同时引起下弦杆的拉伸。桁架2的传力路径要比桁架1直接得多，涉及的杆件少得多。由桁架位移的计算公式

$$\Delta=\sum\frac{\overline{F}_{N}F_{NP}l}{EA}$$

可知，当各项乘积符号相同时（本例就属于这种情况），求和号后面的项数越少，每项乘积的绝对值越小，则所求位移的绝对值也越小。具体地说，桁架在实际荷载和单位荷载作用下受力的杆件越少，受力杆件的刚度越大、内力越小，相应的位移就越小。因此，一般说来，在同样的荷载作用下，传力路径越短、越直接，结构的刚度就越大。

此外，比较图3.3a和图3.3b可见，桁架1两边的竖杆的轴力为桁架2中相应杆件的轴力的1.5倍，而且两者均为压力，因此，无论从强度还是稳定性考虑，桁架2也是优于桁架1的。当然，在桁架1中受拉的两根较长的斜腹杆在桁架2中变成了压杆，对稳定性不太有利，这也是要在设计中予以注意的。

结构中的杆件如何布置，属于结构体系的设计问题。本例说明，在结构设计中体系的设计是一个十分重要的问题，切不可掉以轻心。首先，要保证体系的几何不变性；在此前提下要尽量缩短传力路径，这是结构体系设计中的一条重要原则。体系设计对于结构的整体稳定性也是十分重要的，对此本书暂不准备深入讨论。

工业厂房排架柱之间总是设有一定数量的“剪刀撑”，其作用是保证结构在纵向（即垂直于排架平面的方向）的稳定性，抵抗纵向水平荷载（包括风荷载、地震作用、吊车的制动作用等）。纵向风荷载的主要传递路径是山墙→柱→吊车梁→剪刀撑→基础→地基（一部分纵向风荷载的传递路径是山墙→抗风柱→基础→地基），显然，为了缩短这一路径，其中涉及的吊车梁越少越好。仅从这一点考虑，剪刀撑的设置应尽量靠近直接承受风荷载的山墙，这样可以增大厂房结构在风荷载作用下的纵向水平刚度。当然，剪刀撑的设置还应综合考虑其他因素，例如，温度应力、吊车的制动作用等，所以对于一般的纵向较长的工业厂房，纵向剪刀撑实际上是设置在靠近厂房的中段处。

3.2 直线能拉成折线吗?

折杆或曲杆在拉力作用下有变成直杆的趋势。例如,在施工中为了调直弯曲的钢筋,经常采用张拉的方法,这是人所共知的。反过来,“将直线拉成折线”则好像是“匪夷所思”的事情,然而这样的事情在工程实践中确实是存在的,只不过不那么引人注意而已。

图3.5a所示桁架,EA = 常数,在竖向荷载作用下,它的内力是显而易见的:分别处于直线 AC 和 BD 上的两组竖杆都是拉杆,轴力都是 F_P;其余杆件(“腹杆”)均为零杆。桁架的变形情况是:在拉力作用下,两组本来各处于一条直线上的竖杆各自形成一条折线,如图3.5a中的虚线所示,或者简单地说,直线被拉成了折线。果真如此吗?只要检查一下结点1、2、3和 C 的水平位移就一清二楚了。

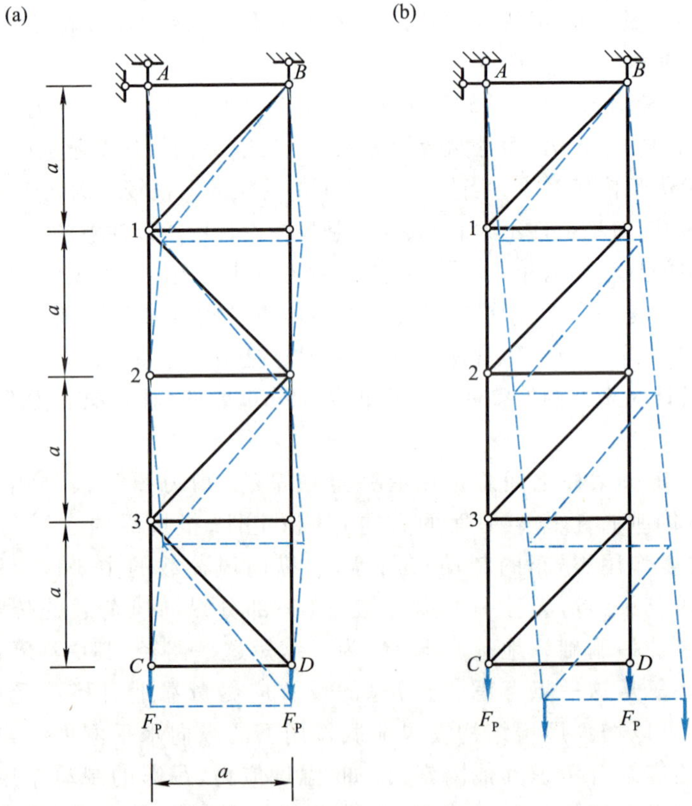

图3.5

用单位荷载法很容易求得(计算过程从略)

$$\Delta_{1H}=\Delta_{3H}=\frac{F_{P}a}{EA}(\rightarrow),\quad \Delta_{2H}=\Delta_{CH}=0$$

这一结果令人信服地表明,“直线拉成折线”这样的事情,不管听起来多么难以置信,它确实是发生了!

以上计算结果可以从分析桁架的一个节间的变形情况获得感性的认识。在$\triangle AB1$中,杆$A1$受拉,轴力为F_{P},从而伸长了$\Delta=\frac{F_{P}a}{EA}$;而AB和$B1$为零杆,它们的长度没有变化。因而,变形后$\triangle AB1$的结点1将发生竖向位移和水平位移,如图中的虚线所示。依此类推,桁架的第1节间将由矩形变为平行四边形,其余各节间变形后也都是平行四边形,但相邻节间的变形方向相反,因而形成了图3.5a中虚线所示的折线。

如果将桁架的斜杆由折线布置改为平行布置,如图3.5b所示,则在相同的荷载作用下,各节间的变形情况相同,由于节间变形而产生的水平位移从上而下逐步积累,桁架的总体变形将如图3.5b中的虚线所示,同一直线上的竖杆变形后仍在一直线上,但偏离了原来的竖直方向。

上面的例子中,荷载使桁架的竖杆受拉。如果将荷载反向施加于桁架,则竖杆将受压,各结点的位移方向与图3.5所示的相反,但桁架变形后竖杆形成折线或斜直线则是相同的。

以上分析中采用了“小变形”假定,即忽略了结构的变形对平衡方程的影响,从而得出了所有的腹杆均为零杆的结论。如果在建立平衡方程时考虑位移和变形的影响,则由图3.5可见,所有的水平腹杆均受压而斜杆均受拉(但它们的压力或拉力与竖杆的内力相比都很小),它们的受力和变形将在一定程度上使桁架的侧向(水平)位移略微减小,但并不能完全消除这种位移,否则腹杆又都成为零杆了。

3.3 图乘法的迷惘：形心在哪里？

图乘法在梁和刚架的位移计算中应用很普遍,读者对它都很熟悉;但下面的问题恐怕未必每个人都曾碰到或想到过。

例3.1 简支梁两端各受到一个大小相等、方向相同的力偶M作用,如图3.6a所示。梁的跨度为l,抗弯刚度为EI。试用图乘法求B端的转角φ_{B}。

解 作梁在实际荷载和虚拟单位力偶作用下的弯矩图,分别如图3.6b、c所示。$\overline{M}$图的面积为$l/2$,它的形心所对应的M_{P}图的纵标为$M/3$,两者均在梁轴线

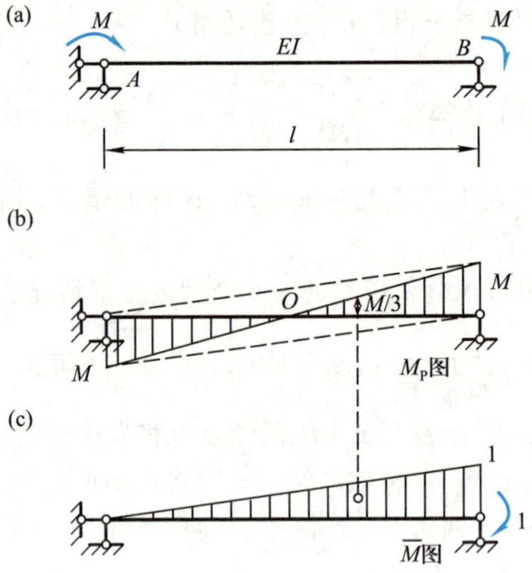

图 3.6

的上方，所以

$$\varphi_B = \frac{1}{EI} \times \frac{l}{2} \times \frac{M}{3} = \frac{lM}{6EI} \quad （顺时针）$$

这个例题应该说是十分容易、出错的可能性极低的。可是，有人偏偏要这样想：既然两个弯矩图都是直线，为什么不可以取 M_P 图的面积，到$\overline{M}$图上去找相应的纵标？按照图乘法对面积符号的规定，M_P 图的面积等于 0；它的形心在 O 点，对应$\overline{M}$图的纵标为 1/2（其实，既然 M_P 图的面积为零，$\overline{M}$图与它的形心对应的纵标是多少已经没有意义了），因此 φ_B 等于 0！这个结果显然是错误的，但问题出在哪里呢？

我们知道，"形心"这个概念，是与"面积矩"的概念联系在一起的。一个几何图形对某个坐标轴的面积矩，等于这个图形的面积乘以它的形心到该轴的距离。在力学中，面积、面积矩和形心不是一些单纯的几何学的概念，而是分别与力、力矩和合力的作用点对应的。"面积"对应的是与上述坐标轴平行的同向均布平行力的合力的大小；"面积矩"对应的是这一组同向平行力对该坐标轴的总力矩；而"形心"则是它们的合力作用线上的一个特殊点。在以上定义中，一个关键词是"同向平行力"，与之相应的面积是"同号的面积"。

现在回到我们的问题上来。说图 3.6b 中 M_P 图的面积为零没有错，因为这个面积是大小相等、符号相反的两个子面积的代数和；但说 M_P 图的形心在 O 点就不对了，因为与两个子面积对应的两组平行力方向相反，它们组成一个力偶，合力为零,对平面内任何坐标轴的合力矩均不为零。面积为零的图形是没有形心的,因为"形心到轴的距离 = 面积矩/面积",分母为零是没有意义的。所以,用图乘法计算位移时,取面积的那个图形的面积一定不能是零,并且最好是整个图形位于坐标轴的同一侧。

在上面的问题中,取 M_P 图的面积,到 $\overline{M}$ 图上找纵标来计算位移也未尝不可。正确的做法是将梁 AB 分为左边一段、右边一段,分段计算后再相加所得结果

$$\varphi_B = \frac{1}{EI} \times \left[\frac{1}{2} \times \frac{l}{2} \times M \times \left(-\frac{1}{6} \right) + \frac{1}{2} \times \frac{l}{2} \times M \times \left(\frac{5}{6} \right) \right] = \frac{lM}{6EI} \quad (\text{顺时针})$$

或者将 M_P 图分为上边一块、下边一块(如图 3.6b 中虚线所示),分块计算后再叠加

$$\varphi_B = \frac{1}{EI} \times \left[\frac{1}{2} \times l \times M \times \frac{2}{3} + \frac{1}{2} \times l \times M \times \left(-\frac{1}{3} \right) \right] = \frac{lM}{6EI} \quad (\text{顺时针})$$

当然,不管怎样都不如例 3.1 中的第一种解法便利。

当面积不为零时,取面积的图形也不一定要位于坐标轴的同一侧。例如,设上述简支梁的受力情况如图 3.7a 所示,求 B 端的转角 φ_B。这时 M_P 图和 $\overline{M}$ 图分别如图 3.7b、c 所示,M_P 图的面积为

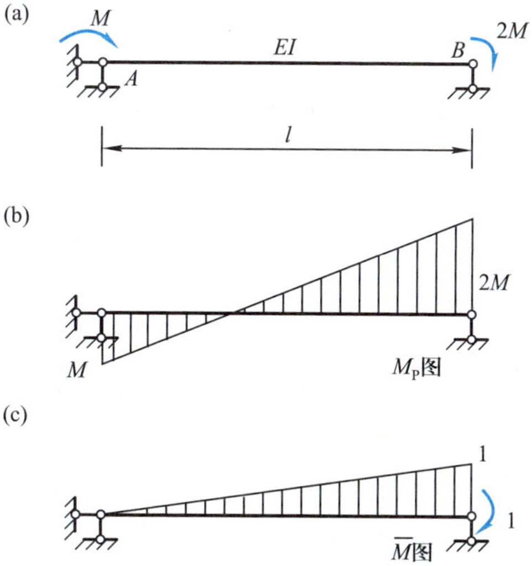

图 3.7

$$\frac{1}{2} \times \frac{2l}{3} \times 2M - \frac{1}{2} \times \frac{l}{3} \times M = \frac{2lM}{3} - \frac{lM}{6} = \frac{lM}{2}$$

它对左端的面积矩为

$$\frac{2lM}{3}\times\frac{7l}{9}-\frac{lM}{6}\times\frac{l}{9}=\frac{l^2M}{2}$$

所以该面积的形心到左端的距离正好等于l,它所对应的$\overline{M}$图的纵标等于 1,所求的转角为

$$\varphi_B=\frac{1}{EI}\times\frac{lM}{2}\times 1=\frac{lM}{2EI}\quad(顺时针)$$

这个结果是正确的(读者试用其他方法进行验证),但计算比较麻烦。所以上面说“最好”而不是“一定要”使整个图形位于坐标轴的同一侧。

3.4 巧用减法作图乘

“从边长为 a 的正方形的一边切掉一个底边为 b、高为 h 的三角形,如图 3.8 所示。求剩余部分的面积。”

对于这个问题,恐怕十之八九的人都会想到作减法:所求面积 = 正方形面积 - 三角形面积 = $a^2-bh/2$;而不会想到用加法,像图 3.8 中虚线所示的那样,将剩余部分分解为一个矩形和两个梯形,分别计算它们的面积后再相加。用减法,两个图形都很简单,面积都很易求;而用加法,计算就麻烦得多。另外,这道题目本身已经明白地提示了解题的思路,想到减法是很自然的。

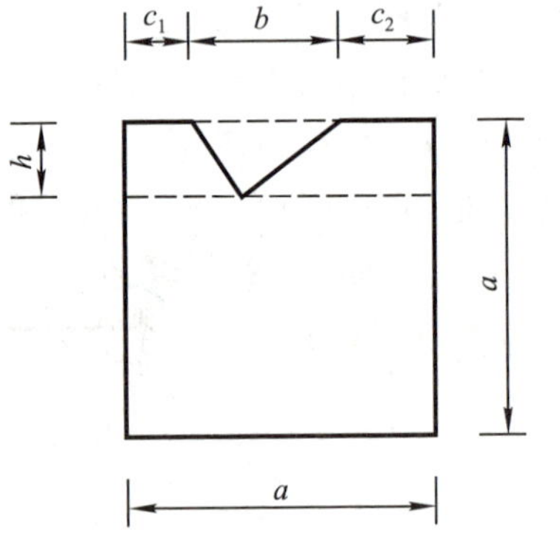

图 3.8

用加法还是用减法?在用图乘法计算结构的位移时,我们通常想到的、用得最多的是加法,尽管有时用减法可能会更好。

例 3.2 悬臂梁的跨度为 l,抗弯刚度为 EI,受集度为 q 的均布荷载作用,如图 3.9a 所示。试用图乘法求梁中点 C 的挠度。

解 M_P 图和$\overline{M}$图分别如图 3.9b、c 所示。将 AC 段的 M_P 图分解为一个矩形、一个三角形和一个抛物线图形后进行图乘法计算,得

$$\Delta_C=\frac{1}{EI}\times\left[\frac{l}{2}\times\frac{ql^2}{8}\times\frac{l}{4}+\frac{1}{2}\times\frac{l}{2}\times\frac{3ql^2}{8}\times\frac{l}{3}-\frac{2}{3}\times\frac{l}{2}\times\frac{ql^2}{32}\times\frac{l}{4}\right]=\frac{17ql^3}{384EI}(\downarrow)$$

本题计算中的一个常见错误是误将 AB 段的$\overline{M}$图当成直线,取整个 M_P 图的面积与相应的$\overline{M}$图纵标($l/4$)相乘;另一个常见错误是将 AC 段的 M_P 图分解为

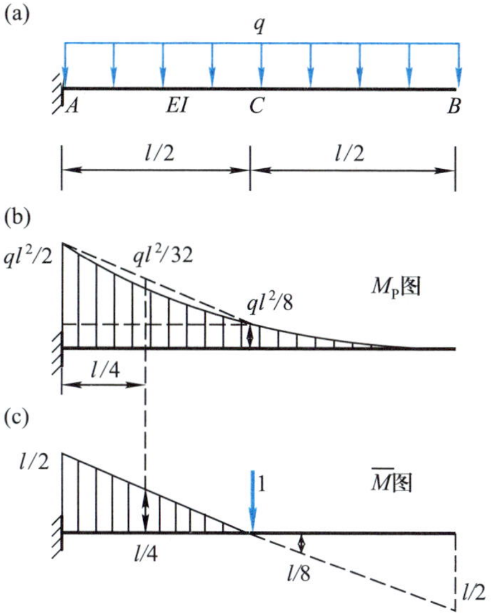

图 3.9

一个矩形和一个抛物线图形后，将抛物线图形当成标准图形，不对它进一步分解就直接进行图乘。

将 AC 段的 M_{P} 图分解为标准图形，除了图 3.9b 那样的分法以外，还可以有其他的方案，如图 3.10a、b、c 所示，在图 3.10b、c 中，抛物线在截面 C 处与斜直线（虚线）相切。但不管怎样分，都是做“加法”（代数相加），而且分为 3 块相加看来都是不可避免的。

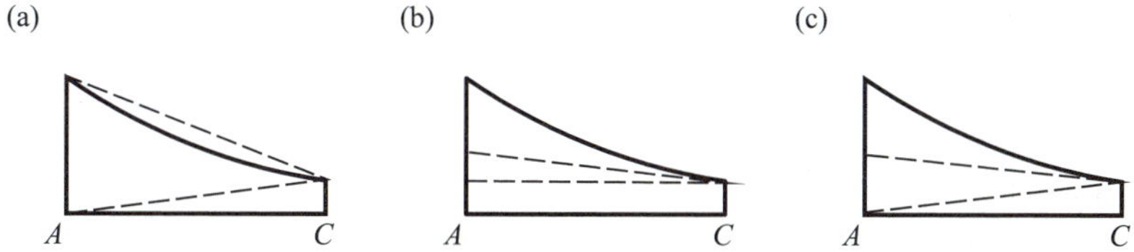

图 3.10

有人觉得以上种种分块的作法都过于笨拙，不“好玩”。他这样想：AB 段的 M_{P} 图本来是一个好端端的标准图形，就因为 $\overline{M}$ 图不是直线，只好取 AC 段的 M_{P} 图形来求面积、求形心，这等于从完整的 M_{P} 图中截掉了 CB 段。结果，剩下的 AC 段图形不标准了，而被截掉的 CB 段图形却是标准的。那么，我先对 AB 段作图乘，再扣除多算的 CB 段，不是简单得多吗？梁的 $\overline{M}$ 图整体上不是直线，这好办，把 AC 段的直线延伸一下，如图 3.9c 中的虚线所示，不就行了吗？这一段的 $\overline{M}$ 图怎么修改都可以，因为最后反正是要减掉的。他是这样计算的：

$$\Delta_C=\frac{1}{EI}\int_A^C M_P\overline{M}\mathrm{d}s=\frac{1}{EI}\left(\int_A^B M_P\overline{M}\mathrm{d}s-\int_C^B M_P\overline{M}\mathrm{d}s\right)$$

$$=\frac{1}{EI}\times\left[\frac{1}{3}\times l\times\frac{ql^2}{2}\times\frac{l}{4}-\frac{1}{3}\times\frac{l}{2}\times\frac{ql^2}{8}\times\left(-\frac{l}{8}\right)\right]=\frac{17ql^3}{384EI}\ (\downarrow)$$

应该说，这是一个相当聪明的解法。这一方法也可用于其他问题，例如，图 3.11 所示的变截面梁在均布荷载下求自由端挠度的问题。

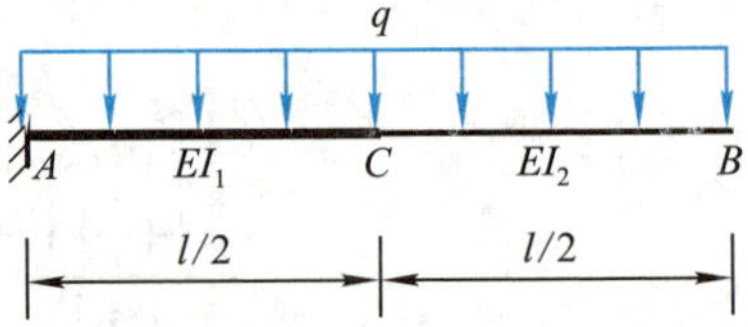

图 3.11

尝试用不同的方法去求解同一个问题，有时会比用同一个方法重复地去解许多问题更有趣，收获也更大。

3.5 广义位移可以分解吗？

有这样一道并不复杂的计算广义位移的问题：

例 3.3 图 3.12a 所示刚架，EI = 常数。试求 D、E 两截面的相对线位移。

本题的解法大家都很熟悉，见下面的解法一；然而，也有人别出心裁地提出了另一种解法，尽管是错误的，为了便于比较和讨论，我们也把它列在下面，称为“解法二”。

解法一 (1) 作刚架在荷载作用下的弯矩图(M_P 图)，如图 3.12b 所示。

(2) 沿 D、E 连线的方向施加广义单位荷载，作相应的$\overline{M}$图，如图 3.12c 所示。

(3) 用图乘法求位移

$$\Delta_{DE}=\frac{1}{EI}\times\left(\frac{1}{2}\times a\times\frac{\sqrt{2}a}{2}\times 2F_Pa+\frac{1}{2}\times a\times\frac{\sqrt{2}a}{2}\times\frac{5}{6}\times 2F_Pa\right)=\frac{11\sqrt{2}F_Pa^3}{12EI}$$

所得结果为正，表明两截面相互靠近。

解法二 (1) M_P 图与解法一相同，如图 3.12b 所示。

(2) 求 D、E 截面在水平方向的相对线位移，所加的广义单位荷载及相应的弯矩图($\overline{M}_H$ 图)如图 3.12d 所示；水平方向的相对线位移为

$$\Delta_{DE}^{H}=\frac{1}{EI}\times\left(\frac{1}{2}\times a\times a+a\times a\right)\times 2F_Pa=\frac{3F_Pa^3}{EI}\ (\longleftrightarrow)$$

(3) 求 D、E 截面在竖直方向的相对线位移，广义单位荷载及相应的弯矩图($\overline{M}_V$ 图)如图 3.12e 所示；竖直方向的相对线位移为

$$\Delta_{DE}^{V}=\frac{1}{EI}\times\left(a\times 2a\times 2F_Pa+\frac{1}{2}\times a\times a\times\frac{5}{6}\times 2F_Pa\right)=\frac{29F_Pa^3}{6EI}\ (\uparrow\downarrow)$$

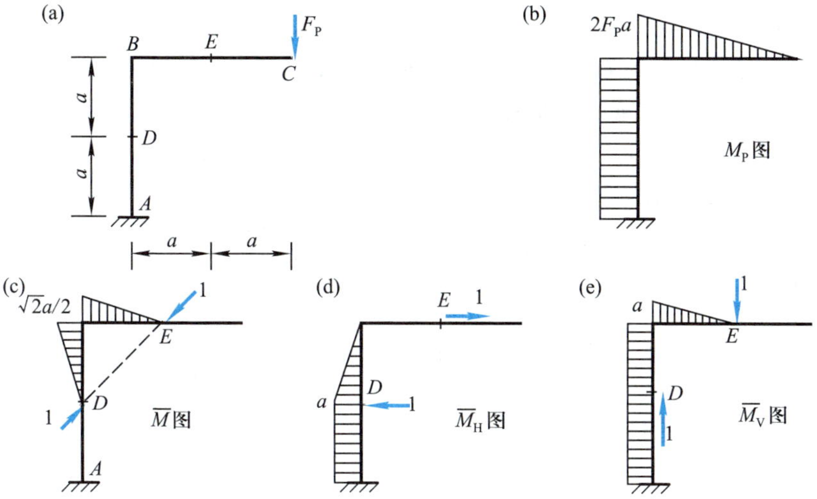

图 3.12

（4）D、E 截面的相对线位移等于上述两个分量的矢量和，所以

$$\Delta_{DE}=\sqrt{\Delta_{DE}^{H\ 2}+\Delta_{DE}^{V\ 2}}=\frac{\sqrt{1165}F_Pa^3}{6EI}$$

上述两个解法结果不同，其中解法一是正确的，解法二是错误的。这个错误“解法”是作者在课后答疑中真正碰到的一个问题，而不是为了写书故意编造出来的情节。应该说，一个本来很简单的问题居然会被复杂化到如此地步，实在有点出乎作者的意料；但问题既然提了出来，就不是简单的一个“错”字所能解决的了，而是必须回答：错在哪里？

平心而论，解法二是事出有因的。它大概是源于一个相近的问题：“对图 3.12a 所示刚架，求截面 C 的位移 Δ_C”。在这个问题中，由于事先不知道 Δ_C 的方向，只能先求它在互相垂直的两个方向的分量（例如水平分量 Δ_{CH} 和竖直分量 Δ_{CV}），再确定总位移的大小和方向。总位移的大小确实可以用公式

$$\Delta_C=\sqrt{\Delta_{CH}^2+\Delta_{CV}^2} \tag{3.1}$$

来计算。那么，为什么换个问题就不行了呢？难道广义位移就不能分解及求和吗？

这里不准备一般地讨论广义位移能不能分解的问题，只结合目前的具体问题讨论如下。

首先指出，两点之间的“相对位移”不能理解为“假设一点不动，另一点发生的位移”，因为后者一般可以分解为两个部分：

(1) 沿两点连线方向的位移,引起两点之间距离的改变。

(2) 垂直于两点连线方向的位移,即相对转动,两点之间距离不变。

通常所说两点之间的"相对线位移"就是两点之间距离的改变,因此,它只是上述位移的第一部分,也就是说,它是"分量"而不是"总量"。

其次,对上面的解法二作一个简要的分析。

将上述两个方向的相对位移 Δ_{DE}^{H} 和 Δ_{DE}^{V} 向直线 DE 的方向投影然后相加,得 D、E 截面的相对线位移(以两截面的距离缩短为正)

$$\Delta'_{DE} = -\Delta_{DE}^{H} \times \frac{\sqrt{2}}{2} + \Delta_{DE}^{V} \times \frac{\sqrt{2}}{2} = \frac{11\sqrt{2}F_{P}a^{3}}{12EI}$$

这与解法一的结果相同。

将 Δ_{DE}^{H} 和 Δ_{DE}^{V} 向与 DE 垂直的方向投影然后相加,得 D、E 两点相对转动产生的位移(以顺时针转动为正)

$$\Delta''_{DE} = \Delta_{DE}^{H} \times \frac{\sqrt{2}}{2} + \Delta_{DE}^{V} \times \frac{\sqrt{2}}{2} = \frac{47\sqrt{2}F_{P}a^{3}}{12EI}$$

假设 D 点不动,E 点发生的总位移为

$$\Delta_{DE} = \sqrt{\Delta'^{2}_{DE} + \Delta''^{2}_{DE}} = \frac{\sqrt{1165}F_{P}a^{3}}{6EI}$$

这与解法二的结果相同。

总之,解法二的问题在于把"假设 D 点不动,E 点发生的总位移"当成了两点之间的相对线位移,其结果包含了两点之间的相对转动。

如果将本题中的"试求 D、E 两截面的相对线位移"改为"试求 D、E 两截面在它们的连线方向的相对线位移",或者"试求 D、E 两截面间距离的改变",则问题的要求就十分明确了,但这样也未必就不会出现上面的"解法二",因为如果不分清"矢量和"与"在给定方向的投影的代数和"的区别,仍然会有人以为,"D、E 两截面在它们的连线方向的相对线位移"就等于这两个截面分别在水平方向和竖直方向的相对线位移的矢量和,从而可以用勾股定理求出这个广义位移。

在结构力学中,我们喜欢"把复杂的问题简单化",例如作结构的计算简图,总是要分清主次,抓大放小;又如我们总是喜欢用简洁的、概念清楚的、"目无全牛"的方法解决表面上复杂的问题。反之,"把简单的问题复杂化"的方法则一般是不那么受人称道的。但是,本题"解法二"的提出给了我们一个启示,那就是"把简单的问题复杂化"并不总是坏事,它也许能帮助我们把问题想得深一些,有时甚至能帮助我们有所发现,有所创造。

3.6 公式 $\oint \frac{M}{EI}ds = 0$ 不成立的情况

在结构力学教科书中，公式

$$\oint \frac{M}{EI}ds = 0 \tag{3.2}$$

一般是在“力法”这一章的“内力图校核”部分提出的。当超静定结构只受荷载作用时，对于结构中的任意一个封闭、无铰的部分（通常称为一个“闭合环路”），其弯矩图一定满足这一公式，因此这个公式可以用来对弯矩图进行校核。

例如，图3.13b是图3.13a所示刚架在荷载作用下的弯矩图，$BEFC$是结构中的一个封闭、无铰的部分。对这个部分，有

$$\oint \frac{M}{EI}ds = \frac{1}{2EI}\left(\frac{1}{2}\times 6\times 32-\frac{1}{2}\times 6\times 16\right)+$$

$$\frac{1}{EI}\left(\frac{1}{2}\times 6\times 46+\frac{1}{2}\times 6\times 28-\frac{2}{3}\times 6\times 72\right)+$$

$$\frac{1}{EI}\left(\frac{1}{2}\times 6\times 28-\frac{1}{2}\times 6\times 14\right)=0$$

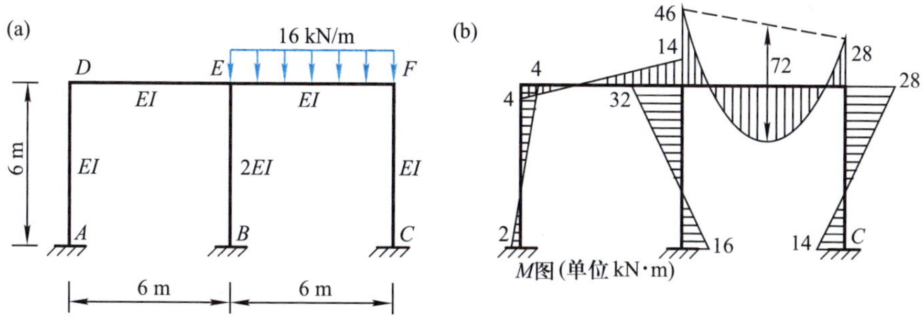

图3.13

对于$ADEB$、$ADFC$这两个封闭无铰部分，同样可以验证式（3.2）成立。

式（3.2）是有条件的，这个条件就是结构“只受荷载作用”。有的人记住了这个公式，却忘记了它的条件，其原因或是读书时不注意或领会不够，或者是教科书本身在提出这个公式时就忽视了对它的条件作必要的交代，结果就会闹出类似于2.1节中“做对了不相信自己对”的笑话来。

例如，有这样一道题：“横截面为正八边形的烟囱，边长为a，厚度h为常数，

线胀系数为 α，内部温度升高 t（图 3.14a），试求烟囱单位高度上的弯矩。”经过计算，得出的弯矩图如图 3.14b 所示，这个弯矩图显然不满足式（3.2），于是答题者对它的正确性发生了怀疑，一遍又一遍地回去检查……

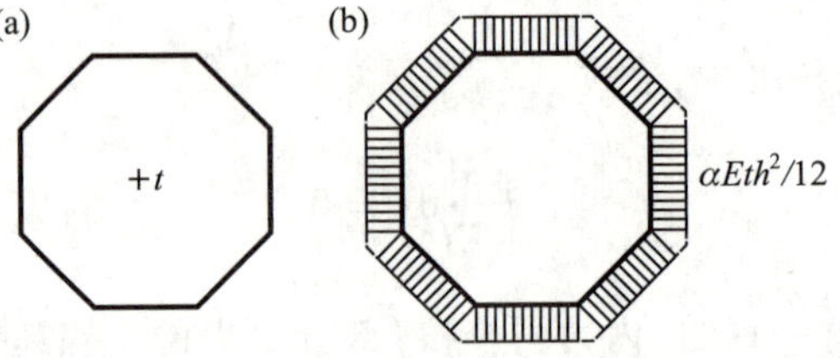

图 3.14

同样的疑惑对于图 3.15 所示的两个弯矩图也会发生。图 3.15a 是两端固定梁的上边温度升高 t 时的弯矩图，其中 α 和 h 分别为线胀系数和横截面的高度；图 3.15b 是两端固定梁的左端有顺时针转角 θ_A 时的弯矩图，其中 i 为梁的线刚度。这两个弯矩图也都不满足式（3.2）。

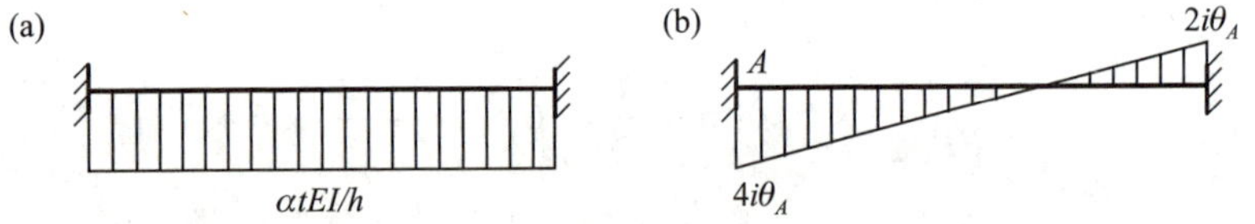

图 3.15

其实，在有温度变化或支座转动的情况下，式（3.2）并不成立。为了说明这一点，可结合图 3.13 中的例子，回顾一下这个公式的推导过程。

取图 3.16 所示的静定基本体系，在截面 G 的两边加上一对单位力偶，则相应的弯矩 $\overline{M}$ 在 $ADEB$ 部分的弯矩均为 1，在其余部分均为 0。因为原结构在截面 G 处是刚接的，截面 G 两边没有相对转角，所以

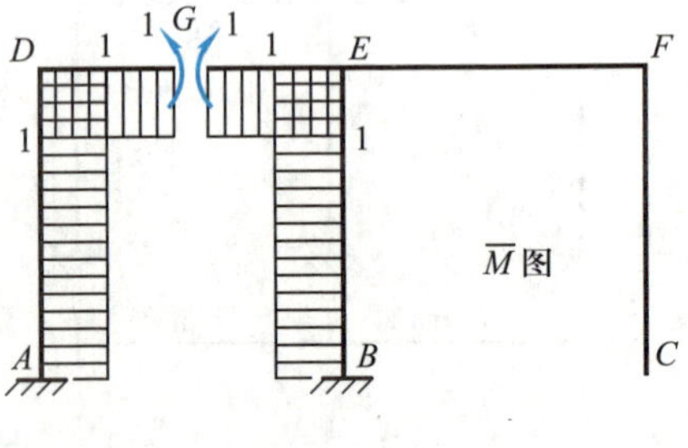

图 3.16

$$\varphi_{GG}=\sum\int\frac{\overline{M}M}{EI}\mathrm{d}s=\oint\frac{1\cdot M}{EI}\mathrm{d}s=\oint\frac{M}{EI}\mathrm{d}s=0$$

其中的闭路积分表示对 $ADEB$ 积分。这就证明了式（3.2）在结构只受荷载的情况下是正确的。

如果 $ADEB$ 部分的内部和外部有温差 Δt，同时支座 A 和 B 分别有顺时针转

角 θ_A 和 θ_B，则在计算截面 G 两边的相对转角时还必须考虑温度变化和支座转动的因素，即

$$\varphi_{GG} = \sum \int \frac{\overline{M}M}{EI}\mathrm{d}s + \sum \int \frac{\overline{M}\alpha\Delta t}{h}\mathrm{d}s - \sum \overline{F}_{\mathrm{R}}c$$

$$= \oint \frac{M}{EI}\mathrm{d}s + \alpha\Delta t\oint \frac{1}{h}\mathrm{d}s - \theta_A + \theta_B = 0$$

所以

$$\oint \frac{M}{EI}\mathrm{d}s = -\alpha\Delta t\oint \frac{1}{h}\mathrm{d}s + \theta_A - \theta_B \tag{3.3}$$

这就是当结构的封闭无铰部分有内外温差变化和支座转动时，其弯矩必须满足的公式。其中弯矩 M 以"闭合环路"的内部受拉为正（因为 $\overline{M}$ 是内部受拉的），Δt 以内部温度的升高大于外部为正，θ_A 和 θ_B 以顺时针为正，而 A 和 B 分别是从一个支座向另一个支座按顺时针方向沿闭合环路中的杆件前进时的起点和终点。

用式（3.3）去校核图 3.14b 以及图 3.15a、b 所示的弯矩图，就不会再有什么问题了！

顺便指出：如果温度变化沿截面高度是均匀的，并且支座只有竖向或水平的线位移而没有转动，则式（3.2）仍然是正确的。

3.7 互等定理有时也不成立

互等定理指的是功的互等定理、位移的互等定理、反力的互等定理和反力与位移的互等定理，其中功的互等定理是基本定理，其余三个互等定理可以看做它的推论。

互等定理适用于线性变形体系，它有两个条件，即：第一，材料服从胡克定律，应力与应变成正比；第二，结构的变形和位移是微小的，不影响力的作用。既然有条件，它当然有时会不成立，就是说，上述两个条件中只要有一个不满足，互等定理就不成立了。那么，"互等定理有时也不成立"这个题目还有什么讨论的必要吗？

本节所要讨论的不是这两个条件不满足的情况，而是要说明：即使这两个条件都满足，互等定理有时也不成立。为此，我们先来看下面的例题。

例 3.4　图 3.17a、b 表示一个等截面梁的两种状态，其中

状态 1（图 3.17a）：梁的中点 C 受集中荷载 F_{P} 作用；

状态 2（图 3.17b）：梁的上侧温度升高 t、下侧温度降低 t。

试对这两个状态检查功的互等定理是否成立。

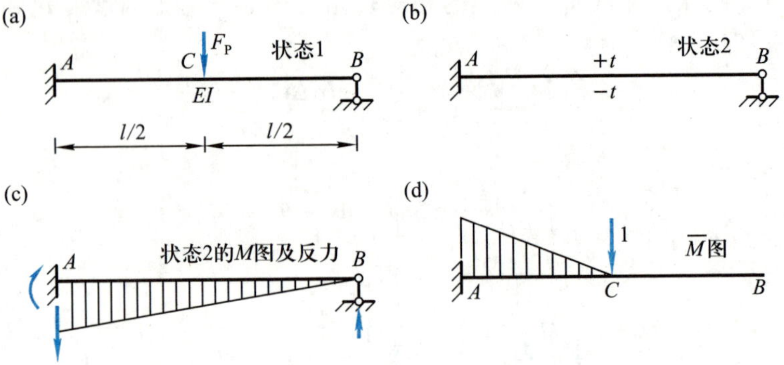

图 3.17

解　本题无须定量计算。对于状态 2，如果没有支座 B，由于温度变化，梁将自由地发生弯曲，B 端将发生竖向位移（向下）。由此可见支座 B 将产生向上的反力，梁的弯矩图以及支座 A 的反力及反力偶的方向如图 3.17c 所示。

为了计算状态 2 中梁中点 C 的竖向位移，将单位荷载施加于一个静定基本结构的 C 点，相应的弯矩图如图 3.17d 所示。上述两个弯矩图相乘结果显然不为零，因此状态 2 相应于状态 1 的位移 Δ_{12} 不为零，状态 1 的外力（包括支座反力）在状态 2 相应的位移上所作的功 $W_{12} \neq 0$（W_{12} 完全是状态 1 的荷载作的功，因为状态 2 没有支座位移，状态 1 的支座反力不作功）。

另一方面，状态 1 没有支座位移，所以状态 2 虽然存在支座反力（图 3.17c），但这些反力不作功，即 $W_{21} = 0$。

结论：$W_{12} \neq W_{21}$，功的互等定理不成立！

也许有人会提意见说，你这不是诡辩吗？互等定理中所说的功与温度变化之类的“非荷载因素”无关，温度变化本来就不在互等定理考虑的范围以内嘛！那么，支座位移是不是也是“非荷载因素”，在不在互等定理考虑的范围以内呢？反力的互等定理和反力与位移的互等定理不都与支座位移有关吗？

请看下面的问题：

例 3.5　图 3.18a 和 b 表示一个等截面梁的两种状态，其中

状态 1（图 3.18a）：梁的中点 C 受集中荷载 F_P 作用；

状态 2（图 3.18b）：梁的支座 B 下沉 Δ。

试对这两个状态检查功的互等定理是否成立。

解　本题需要一点定量计算。状态 2 的弯矩图及支座反力及反力偶的方向如图 3.18c 所示。为计算状态 2 中梁中点 C 的竖向位移所加的单位荷载及其相应的弯矩图如图 3.18d 所示。将这两个弯矩图相乘，得状态 2 相应于状态 1 的位移为（计算从略）

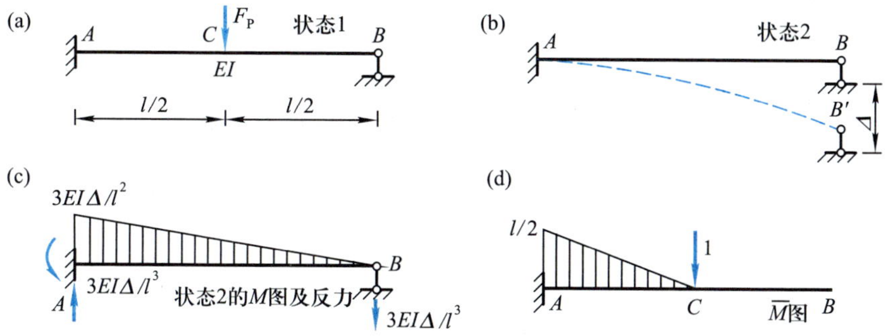

图 3.18

$$\Delta_{12} = 5\Delta/16(\downarrow)$$

状态 1 的固端弯矩可以查表得到，由此可得 B 端反力为

$$F_{RB} = 5F_P/16(\uparrow)$$

所以

$$W_{12} = F_P \times 5\Delta/16 - 5F_P/16 \cdot \Delta = 0$$

另一方面，状态 1 没有支座位移，所以状态 2 的支座反力不作功，即 $W_{21} = 0$。

结论： $W_{12} = W_{21}$，功的互等定理成立！

在上面的计算中，$F_{RB} = \Delta_{12}$（两者的符号规定相反，否则应为 $F_{RB} = -\Delta_{12}$），这是符合反力与位移的互等定理的。但我们的任务是检查功的互等定理是否成立，所以不能直接引用这个定理，否则就真的成了诡辩了。

上面两个例子极其相似，“状态 2”中的反力、内力、位移都是由“非荷载因素”引起的，而结论截然相反。那么，互等定理在什么情况下成立，什么情况下不成立，到底有没有个明确的“说法”呢？

根据以往的经验，如果我们对某个公式或定理发生了怀疑（例如第 2.1 节的“微分关系”问题、第 3.6 节的“闭路积分”问题），最好是重新审视一下这个公式或定理的推导或证明过程，从中寻找答案。

证明功的互等定理主要有两种方法。一是利用变形体系的虚功原理，状态 i 的外力在状态 j 的位移上所作的功等于状态 i 的内力在状态 j 的变形上所作的功（$i,j=1,2$），而“内虚功”当 i 和 j 交换时也就是交换有关乘积的两个因子而已；二是利用“作功与加载次序无关”。下面我们只针对第一种证明方法进行讨论，对第二种证明方法的讨论留给读者去思考。

以图 3.17 所示的一次超静定梁为例。设状态 1 和状态 2 的内力（只考虑弯矩）分别为 M_1 和 M_2，则同一微段 ds 两边的相对转角在两种状态中分别为 $\frac{M_1}{EI}\mathrm{d}s$ 和 $\frac{M_2}{EI}\mathrm{d}s-\frac{2\alpha t}{h}\mathrm{d}s$，$EI$、$h$ 和 α 分别为截面的抗弯刚度、截面高度和材料的温变线胀系数。注意状态 2 的变形中有两项，其中第一项与内力 M_2 成比例，第二项与内力无关，负号是因为弯曲方向与第一项相反。

状态 1 的内力在状态 2 的变形上所作的功为

$$\int_A^B \frac{M_1M_2}{EI}\mathrm{d}s-\int_A^B \frac{M_1\times 2\alpha t}{h}\mathrm{d}s \tag{a}$$

而状态 2 的内力在状态 1 的变形上所作的功为

$$\int_A^B \frac{M_2M_1}{EI}\mathrm{d}s \tag{b}$$

由于式（a）比式（b）多一个相应于温度变形的项，两个内虚功不等，因而外虚功也不等，结论：功的互等定理在有温度变化时不成立。

从以上讨论可知，在有温度变化的情况下，即使两个状态的温度变化相同，状态 1 的外力在状态 2 的位移上所作的功一般也不等于状态 2 的外力在状态 1 的位移上所作的功，功的互等定理仍然不成立（图 3.19）。

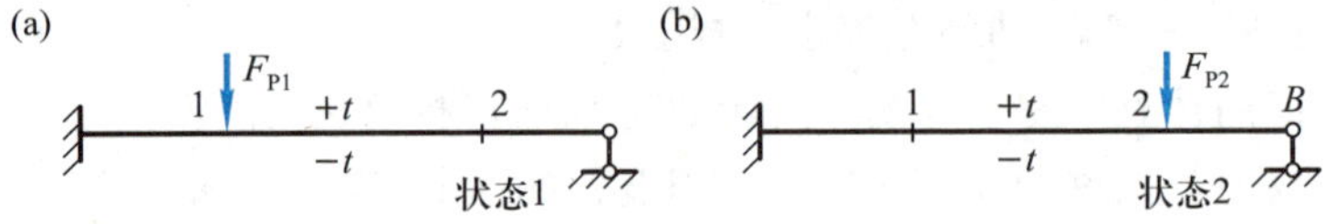

图 3.19

我们还可以得出更为一般的结论，即：在体系中存在“与内力无关的变形”的情况下，功的互等定理不成立。材料收缩、制造误差等“非荷载因素”都属于这种情况。

支座位移不会引起“与内力无关的变形”。如果结构是静定的，支座位移不会引起任何变形；对于超静定结构，支座位移引起的变形与内力成比例。所以功的互等定理在有支座位移的情况下仍然成立。

第 4 章

超静定结构分析

4.1 “闭合环路”之谜

超静定结构中的一个封闭无铰的部分常被简称为“闭合环路”(参见第 3.6 节)。每个闭合环路的超静定次数等于 3,因此为了确定结构的超静定次数,将它所含有的闭合环路的个数乘以 3,再加上其他多余约束的个数就行了。这是一个十分省事的方法,特别对于多层、多跨的刚架结构是如此。例如,图 4.1 所示的 3 跨 12 层刚架有 $3 \times 12 = 36$ 个闭合环路,所以它的超静定次数为 $3 \times 36 = 108$。

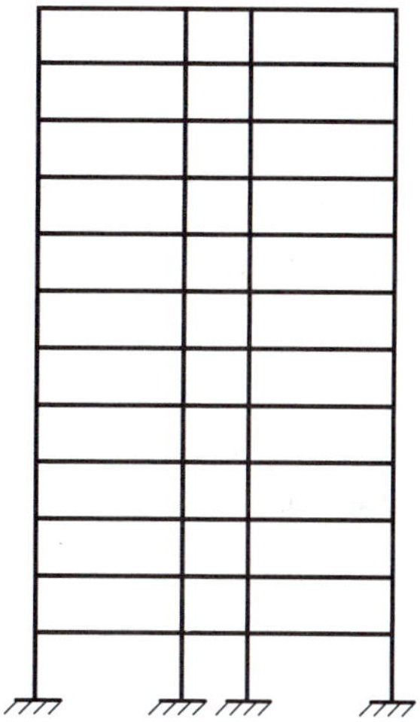

图 4.1

在数闭合环路的个数时,杆件和地基刚接所形成的闭合环路也必须计算在内。例如在图 4.1 中,刚架的底层就有 3 个这样的环路。

数一数有多少闭合环路,看起来是一个非常简单的问题,但有时也会出错。请看下面的例子。

例 4.1 图 4.2a 所示的结构的超静定次数是多少?

答案 1: 该结构中有 $4 \times 4 = 16$ 个闭合环路(图 4.2b),所以它的超静定次数为 $3 \times 16 = 48$。

答案 2: 将 9 个固定端改成自由端,再切断 6 根杆件,得到图 4.2c 所示的静定结构。所以原结构的超静定次数为 $3 \times (9 + 6) = 45$。

两个答案不同,各有各的道理。这个结构的超静定次数到底是多少呢?答案 2 在撤除了 45 个约束后得到的体系确实是几何不变,并且没有多余约束,所以这个答案是经得起推敲的。那么,答案 1 错在哪里呢?难道闭合环路数错了吗?

我们来这样数闭合环路:从底层往上到第三层,每加一层形成 4 个闭合环

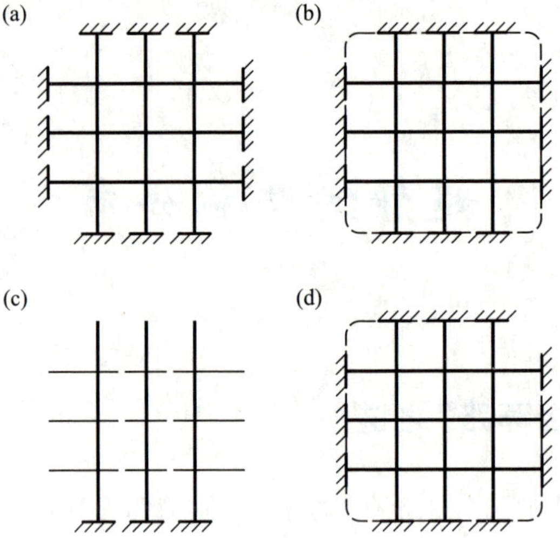

图 4.2

路，三层共 12 个；到第 4 层，从左往右添加柱子并形成顶部刚结点，每加一根柱子就增加一个闭合环路；加完 3 根柱子后，结构已经完成，没有必要在最右边封闭，使它成为环路了。所以一共有 15 个闭合环路(图 4.2d)。

答案 1 的问题在于将地基本身也算成了 1 个“环路”，这样，在没有任何构件的情况下，地基就已经是 3 次超静定的了。

由此可见，在数闭合环路时，对地基一定要“网开一面”，不能让它自己也形成环路。图 4.3a 示一两端固定梁，大家都知道它是 3 次超静定；但如果按照答案 1 的数法，它就会被当成 6 次超静定梁了(图 4.3b)！

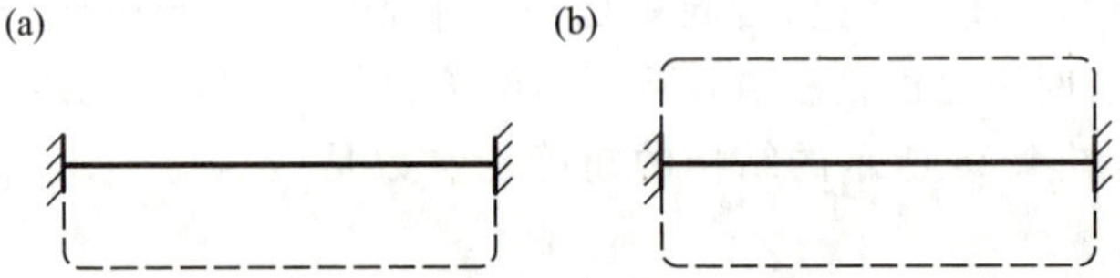

图 4.3

4.2 力法方程中自由项的灵活计算

计算力法方程中的系数和自由项，多余未知力和荷载可以加在不同的基本结构上。为了说明这一点，我们来看下面的例题。

例 4.2　作图 4.4a 所示刚架的弯矩图，设各杆 EI = 常数。

解法一　取图 4.4b 所示的基本体系，力法方程为

$$\delta_{11}X_1 + \Delta_{1P} = 0 \tag{a}$$

分别作基本结构在单位未知力和荷载作用下的弯矩图，如图 4.4c、d 所示。由这两个弯矩图可得

$$\delta_{11} = \frac{4a^3}{3EI}, \quad \Delta_{1P} = -\frac{29F_Pa^3}{48EI}$$

将它们代入力法方程(a)，解得 $X_1 = \frac{29F_P}{64}$；最后，由公式 $M = X_1\overline{M}_1 + M_P$ 作弯矩图，如图 4.4e 所示。

解法二 基本体系、力法方程同解法一。

基本结构在单位未知力作用下的弯矩图仍如图 4.4c 所示。将荷载作用于

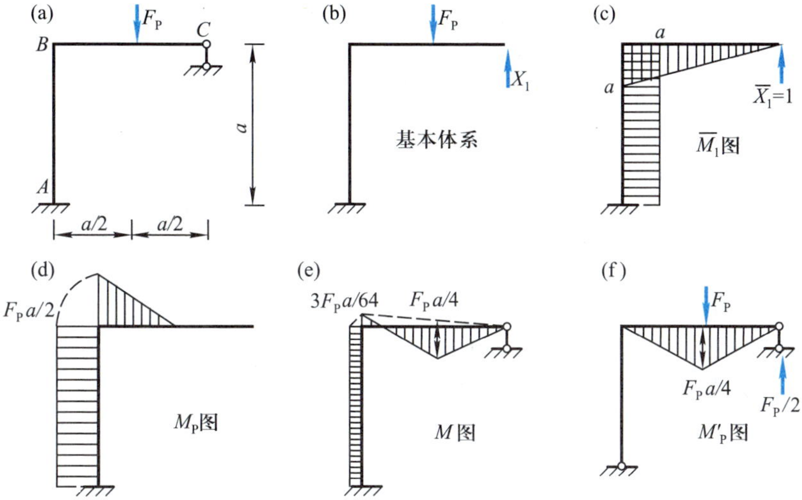

图 4.4

另一个基本结构上，作相应的弯矩图 M'_P，如图 4.4f 所示。由 $\overline{M}_1$ 图得

$$\delta_{11} = \frac{4a^3}{3EI}$$

这与解法一相同；将 $\overline{M}_1$ 图和 M'_P 图相乘，得

$$\Delta'_{1P} = \frac{F_Pa^3}{16EI}$$

将以上系数和自由项代入力法方程(a)，解得 $X'_1 = -\frac{3F_P}{64}$（这里给 X_1 加上了一撇"′"，以便与解法一区别）；最后，由 $M = X'_1\overline{M}_1 + M'_P$ 作弯矩图，结果与图

4.4e 相同。

以上两种解法,解法一中规中矩,原理十分清楚,其结果的正确性也不容怀疑;解法二则似乎有点"左道旁门",可是它却也能"修成正果",与解法一殊途同归,难道这只是巧合,是"歪打正着"? 但是,如果你再选一个与图 4.4b 和图 4.4f 都不相同的基本结构,把本题重新求解一遍,或者按这种"左道旁门"的方法去解其他一次、二次、甚至更高次的超静定问题而屡试不爽,你大概就不会这样想了,而是要认真思考另一个问题:这种方法道理何在?

我们来分析一下图 4.4f。在荷载作用下,支座 C 有竖向反力 $X''_1=F_P/2$。如果我们把荷载和 X''_1 同时加到图 4.4b 所示的基本结构上,会得到与图 4.4f 相同的弯矩图。这正是问题的关键所在。抓住了这一点,事情就容易弄清楚了。下面我们借助图 4.5 中的图形等式,来说明解法二之所以成立的理由。

第一步(从图 4.5a 至图 4.5b):建立基本体系。

第二步:将图 4.5b 分成两部分(图 4.5c、d),基本结构分别仅受荷载和多余未知力 X_1 作用。这两步是力法的常规步骤。

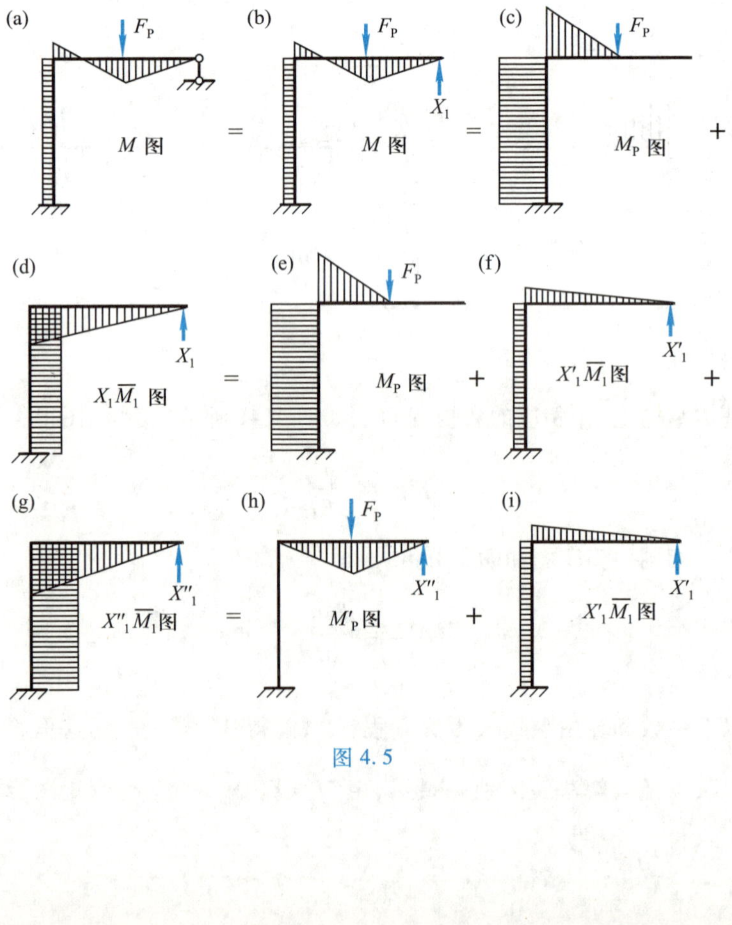

图 4.5

第三步：将 X_1 一分为二，$X_1 = X'_1 + X''_1$，其中 $X''_1 = F_P/2$，X'_1 是未知的。

第四步：将图 4.5e（与图 4.5c 相同）和图 4.5g 合并，得到图 4.5h，相应的弯矩图是基本结构在荷载和 X''_1 共同作用下的弯矩图，也就是图 4.4f；图 4.5i 与图 4.5f 相同。

原来如此！从表面上看，解法二是将荷载加在了一个不同的基本结构上；而实质上，基本结构并没有改变，只不过在施加荷载的同时，把多余未知力的一部分（X''_1）也加在了基本结构上而已。这样就把一个求完整的多余未知力 X_1 的问题，转化成了求它的未知部分 X'_1 的问题。

确定 X'_1 的条件仍然是支座 C 处的变形协调条件：在荷载、X''_1 和 X'_1 的共同作用下，基本结构截面 C 的竖向位移等于零。写成力法方程，就是

$$\delta_{11}X'_1 + \Delta'_{1P} = 0 \tag{b}$$

其中 $\delta_{11}X'_1$ 是基本结构在 X'_1 的作用下截面 C 的竖向位移；Δ'_{1P} 是基本结构在荷载和 X''_1 共同作用下截面 C 的竖向位移。显然，Δ'_{1P} 可以拆成两项

$$\Delta'_{1P} = \delta_{11}X''_1 + \Delta_{1P} \tag{c}$$

这两项分别是基本结构在 X''_1 和荷载单独作用下截面 C 的竖向位移。

将式（c）代入（b），并且注意到 $X'_1 + X''_1 = X_1$，就得到方程（a）。这说明两种解法的力法方程在实质上也是一致的。

解法二的提出给力法方程自由项的计算带来了一定的灵活性。就上面的例子而言，由于解法二的 M'_P 图比解法一的 M_P 图简单，无论是自由项的计算还是最后弯矩图的叠加，工作量都要相对节省一些。

这种带有灵活性的方法对于二次或二次以上的超静定结构也是成立的，原理是相同的。

例 4.3 作图 4.6a 所示二次超静定刚架的弯矩图，设各杆 EI = 常数。

解 基本体系、$\overline{M}_1$ 图和 $\overline{M}_2$ 分别如图 4.6b、c、d 所示。力法方程从略。为了计算两个自由项 Δ'_{1P} 和 Δ'_{2P}，将荷载施加于图 4.6e 所示的基本结构并作相应的 M'_P 图。分别将 $\overline{M}_1$ 图、$\overline{M}_2$ 图和 M'_P 图相乘，得

$$\Delta'_{1P} = \frac{F_P a^3}{16EI}, \quad \Delta'_{2P} = 0$$

其余计算从略。由力法方程解得

$$X'_1 = -\frac{3F_P}{28}, \quad X'_2 = \frac{9F_P}{56}$$

最后，由公式 $M = X'_1\overline{M}_1 + X'_2\overline{M}_2 + M'_P$ 作弯矩图，如图 4.6f 所示。容易验证

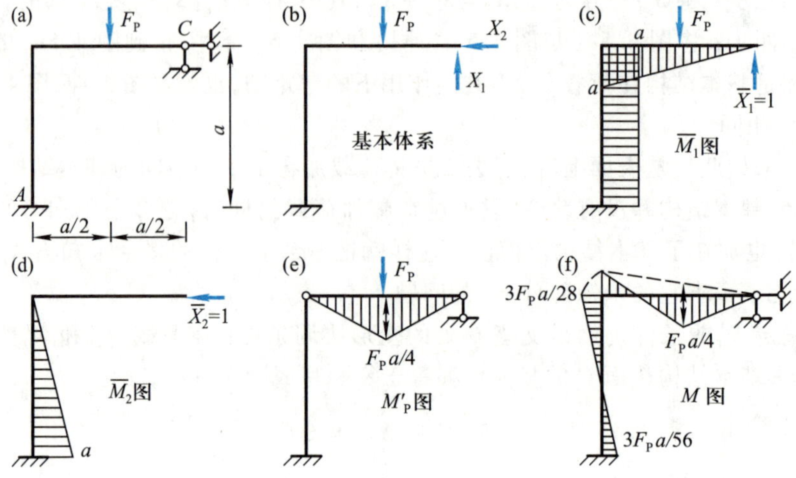

图 4.6

这个弯矩图是正确的。

上述带灵活性的方法的合理性可从能量原理得到更为简洁的说明，感兴趣的读者请阅读参考文献[3] §13－7。

4.3 力法基本结构可以是超静定的吗？

讲到力法的基本结构，我们总是想到两点：第一，它必须是几何不变的；第二，它必须是静定的。其实，第二点并非必要。教科书上之所以强调“静定”，是基于这样的考虑：学生初学超静定结构，必须也只能利用他们已经掌握的关于静定结构内力和位移计算的知识。由已知到未知，由简单到复杂，循序渐进，这是人们认识世界的一般规律。

但是，当我们对超静定结构已经比较熟悉，具有了比初学阶段更高的本领之后，我们就很容易理解在一定条件下可以采用超静定基本结构的道理了。为什么强调“静定”？因为静定结构简单、“已知”。取静定的基本结构，则基本结构在单位多余力和荷载（或其他外因）作用下的内力和位移计算都是我们已经掌握了的，是“小菜一碟”。那么，如果将原结构的多余约束只去掉一部分，得到一个超静定次数较低的超静定结构，并且它在单位多余力和荷载（或其他外因）作用下的内力和位移我们也都会算，为什么不可以用它作基本结构呢？少几个基本未知量难道不是很好吗？

例 4.4 用力法计算图 4.7a 所示超静定梁，并作弯矩图。设 EI = 常数。

解 不考虑轴力问题，这个梁是 3 次超静定的。但是由于两端固定梁在均

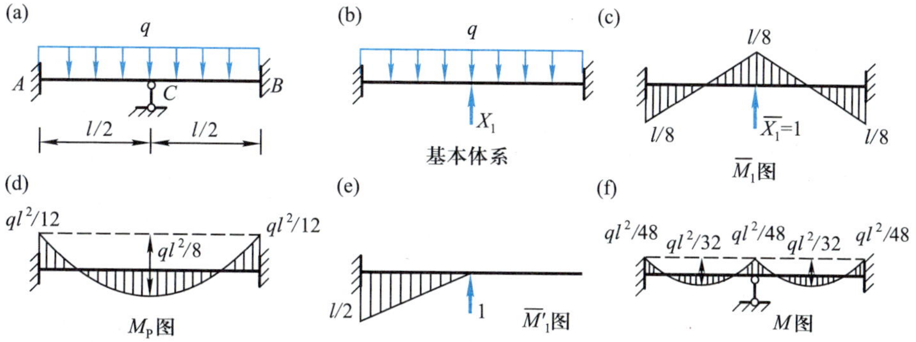

图 4.7

布荷载和跨中集中力作用下的弯矩都是已知的，可以只取一个基本未知量来求解。基本体系见图 4.7b。力法方程为

$$\delta_{11}X_1 + \Delta_{1P} = 0 \tag{a}$$

分别作基本结构在单位多余力和荷载作用下的弯矩图，分别如图 4.7c、d 所示。系数和自由项的计算是超静定结构的位移计算问题，为了简化计算，另选一个静定基本结构，作它在单位多余力作用下的弯矩图，$\overline{M'_1}$ 图（图 4.7e）。将 $\overline{M'_1}$ 图分别和 $\overline{M}_1$ 图、M_P 图相乘，得

$$\delta_{11} = \frac{l^3}{192EI},\quad \Delta_{1P} = -\frac{ql^4}{384EI}$$

将它们代入力法方程(a)，解得 $X_1 = \dfrac{ql}{2}$；最后，由公式 $M = X_1\overline{M}_1 + M_P$ 作弯矩图，见图 4.7f。

本题的弯矩图可以利用对称性轻而易举地画出。举这个例子只是为了说明超静定基本结构的可行性。在荷载不对称的情况（例如均布荷载仅分布于 AC 跨的情况）下，仍可取两端固定梁为基本结构，M_P 图可以通过查表（例如位移法中的“载常数”表）画出。

下面举一个稍微复杂的例子。

例 4.5 用力法计算图 4.8a 所示的组合结构，并作受弯构件的弯矩图。设受弯构件的 EI = 常数；AB 杆的 $E'A = 48EI/a^2$。

解 这个结构是 4 次超静定的。但是由于闭合正方形刚架在对边中点受一对集中力作用的问题比较容易解决（见例 4.6），可以只取一个基本未知量来求解。基本体系见图 4.8b。力法方程为

$$\delta_{11}X_1 + \Delta_{1P} = 0 \tag{b}$$

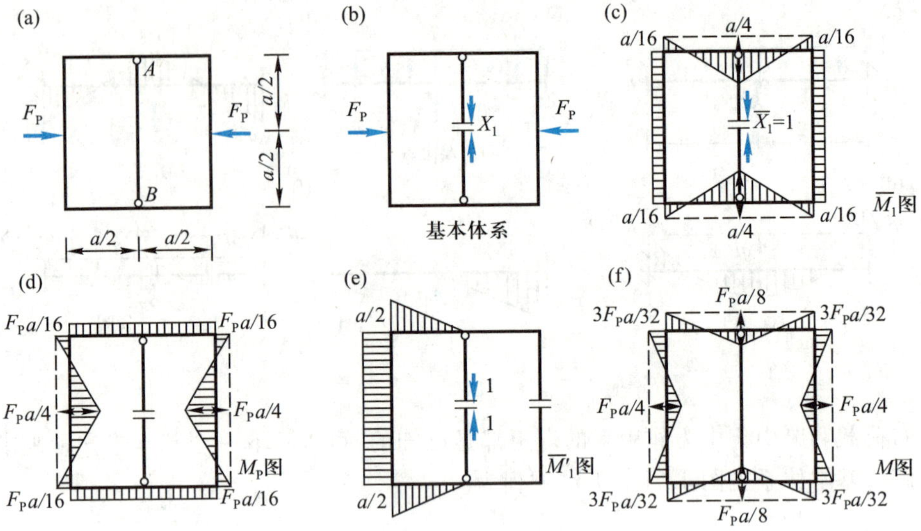

图 4.8

作基本结构在单位多余力和荷载作用下的弯矩图,分别如图 4.8c、d 所示。为了简化系数和自由项的计算,另选静定基本结构,作它在单位多余力作用下的弯矩图,$\overline{M'_1}$ 图(图 4.8e)。力法方程的系数和自由项计算如下

$$\delta_{11} = \sum \int \frac{\overline{M}_1\ \overline{M'_1}}{EI} \mathrm{d}s + \frac{1^2 \times a}{E'A} = \frac{a^3}{32EI}$$

$$\Delta_{1P} = \sum \int \frac{M_P\ \overline{M'_1}}{EI} \mathrm{d}s = -\frac{F_P a^3}{64EI}$$

将它们代入力法方程(b),解得 $X_1 = \dfrac{F_P}{2}$;最后,由公式 $M = X_1 \overline{M}_1 + M_P$ 作弯矩图,如图 4.8f 所示。

4.4 公式 $\oint \frac{M}{EI}\mathrm{d}s = 0$ 的妙用

我们已经在第 3 章第 3.6 节中讨论过了与公式

$$\oint \frac{M}{EI} \mathrm{d}s = 0 \tag{4.1}$$

有关的一个问题,这里再次复习一下这个公式:在这个公式中,M 是超静定结构在荷载作用下的弯矩,EI 是杆件的抗弯刚度,而积分是对结构中的任意一个封闭、无铰的部分("闭合环路")进行的。这个公式的主要用途是校核刚架的弯矩

图,但它还有一些别的用途。

例如,两端固定梁与地基形成一个闭合环路。若梁是等截面的,EI =常数,则由式(4.1)可得

$$\int_A^B M\mathrm{d}s = 0 \tag{4.2}$$

其中 A、B 为梁的两个端点。式(4.2)说明:两端固定的等截面梁在荷载作用下的弯矩图的总面积(即各部分面积的代数和)为零。设梁的跨度为 l,则它分别在跨中集中荷载和均布荷载作用下的固端弯矩都可以利用式(4.2)及图 4.9a 中矩形与三角形面积相等、图 4.9b 中矩形与抛物线图形面积相等方便地得到。

在跨中集中荷载 F_P 作用下,固端弯矩的绝对值为

$$\frac{1}{l} \times \left(\frac{1}{2} \times l \times \frac{F_P l}{4}\right) = \frac{F_P l}{8}$$

在均布荷载(集度为 q)作用下,固端弯矩的绝对值为

$$\frac{1}{l} \times \left(\frac{2}{3} \times l \times \frac{ql^2}{8}\right) = \frac{ql^2}{12}$$

因此,只要记住了相应简支梁的弯矩,便没有必要专门记住这两个固端弯矩了。

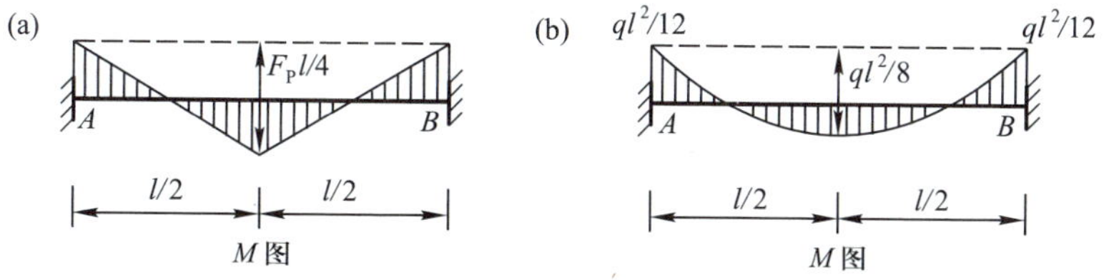

图 4.9

利用式(4.1)和结构的对称性还可以方便地作出一些结构的弯矩图。下面举两个例子。

例 4.6 作图 4.10a 所示结构的弯矩图,设各杆 EI = 常数。

解 首先,所求的弯矩图很容易定性地画出,如图 4.10b 所示。由于左右、上下两个方向的对称性,4 个角点的弯矩值都相等。因此,只要求出了角点弯矩值就完全确定了所求的弯矩图,而这借助于式(4.1)很容易做到。

设角点弯矩值为 x。因为 EI =常数,由式(4.1)可知弯矩图的总面积为零。所以有

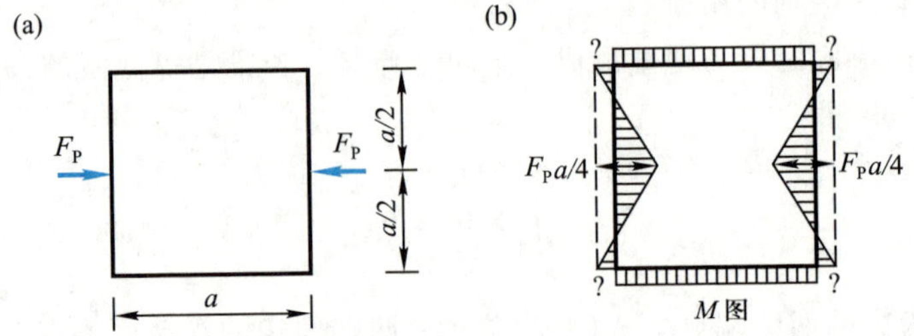

图 4.10

$$4\times(a\times x)=2\times\left(\frac{1}{2}\times a\times\frac{F_Pa}{4}\right)$$

解之,得 $x=\frac{F_Pa}{16}$。将图 4.10b 中角点的"?"换成$\frac{F_Pa}{16}$,就得到最后的弯矩图。

在本例中,如果水平杆件和竖直杆件的抗弯刚度互不相等,则弯矩图仍然保持双向对称性,求解也不会有什么困难。

在例 4.5 中,我们曾用到过本例的计算结果。

例 4.7 作图 4.11a 所示结构的弯矩图。

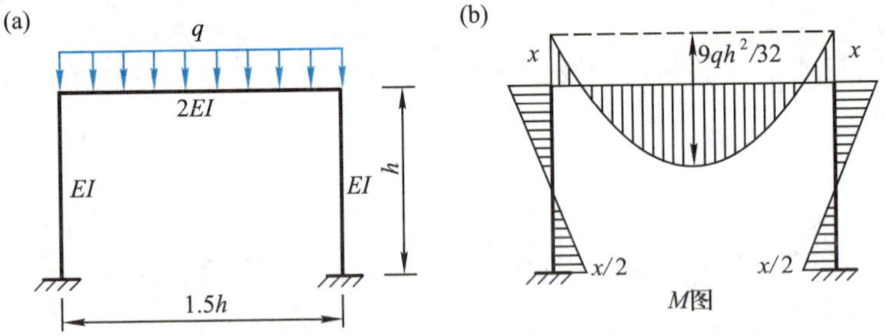

图 4.11

解 首先定性地画出结构的弯矩图,如图 4.11b 所示。由于对称性,横梁没有侧移,柱下端的弯矩完全是由于上端结点发生转角所致,利用传递弯矩的概念可知其等于上端弯矩的一半。

设柱上端弯矩值为 x,则下端的弯矩为 $x/2$。由式(4.1)得

$$2\times\frac{1}{EI}\left(\frac{hx}{2}-\frac{hx}{4}\right)+\frac{1}{2EI}\left(1.5hx-\frac{2}{3}\times1.5h\times\frac{9qh^2}{32}\right)=0$$

解之,得 $x=\frac{9qh^2}{80}$。

4.5 别出心裁的变形协调条件

变形协调条件是任何结构在正常情况下都必须满足的条件之一，也是求解超静定结构必不可少的一个条件。在力法中，通过力法方程来表达变形协调条件；而在位移法中，则在推导形常数和载常数时满足了单杆的变形协调条件，又通过选取基本未知量满足了整体的变形协调条件，例如相交于同一铰结点的各杆端在给定方向的线位移用同一个基本未知量表达。

对于超静定桁架，文献[16]提出了一种与我们所熟悉的形式不同的表达变形协调条件的方法。这一方法的原理是三角形的余弦定理。

在图 4.12 所示的$\triangle ABC$中，

$$c^2 = a^2 + b^2 - 2ab\cos C \tag{a}$$

对式(a)的两边微分，得

$$c\mathrm{d}c = a\mathrm{d}a + b\mathrm{d}b - b\mathrm{d}a\cos C - a\mathrm{d}b\cos C + ab\sin C\mathrm{d}C \tag{4.3}$$

这就是三个伸长量 da、db、dc 和角变形 dC 之间的变形协调条件。

例 4.8 试求图 4.13 所示桁架各杆的内力，设各杆 EA 相同。

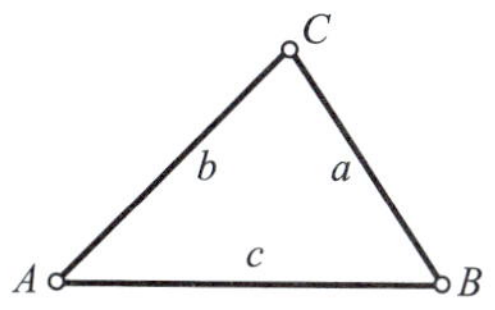

图 4.12

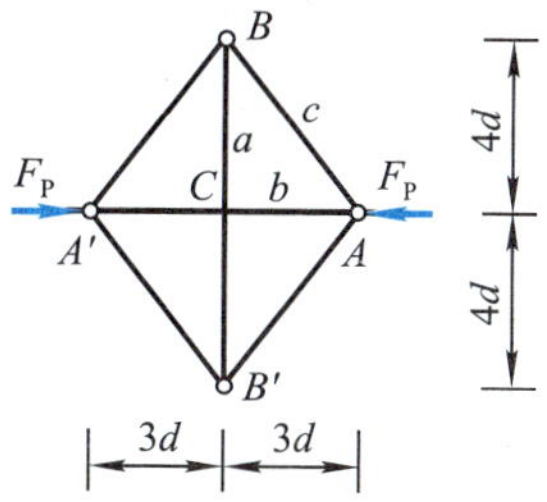

图 4.13

解 由于对称性，只需要求与$\triangle ABC$的三边对应的杆件的内力，其中 $a = 4d, b = 3d, c = 5d$。此外，$\triangle ABC$是直角三角形，$\angle C = \pi/2$，并且由于对称性，其大小在桁架变形中保持不变，即 d$C = 0$。因此，变形协调方程(4.3)简化为

$$c\mathrm{d}c = a\mathrm{d}a + b\mathrm{d}b \tag{4.4}$$

这个方程也可以从勾股定理直接推出。

设 $F_{Na} = x$，则依次考虑结点 B、A 的平衡条件可得 $F_{Nc} = -5x/8$，$F_{Nb} = F_P + 3x/4$，从而三根杆件的伸长为

$$\mathrm{d}a = 4\mathrm{d}x/EA,\quad \mathrm{d}b = 3\mathrm{d}(F_P + 3x/4)/EA,\quad \mathrm{d}c = -25\mathrm{d}x/(8EA) \tag{b}$$

将三边的长度以及上式代入变形协调方程(4.4),得

$$-125x/8 = 16x + 9(F_{\mathrm{P}} + 3x/4) \tag{c}$$

解之得

$$x = -72F_{\mathrm{P}}/307$$

因此

$$F_{\mathrm{N}a} = -72F_{\mathrm{P}}/307, \quad F_{\mathrm{N}b} = 253F_{\mathrm{P}}/307, \quad F_{\mathrm{N}c} = 45F_{\mathrm{P}}/307$$

这与用常规的力法所得的结果相同。

因为涉及未知角变形,一般情况下,采用式(4.3)形式的变形协调条件将导致较多的未知量,例如对于图4.14所示的桁架,有6个伸长变形(或未知内力)和2个角变形共计8个未知量,除了5个平衡方程(每个结点2个平衡方程,扣除3个已满足的整体平衡条件)外,还有以下3个变形协调方程

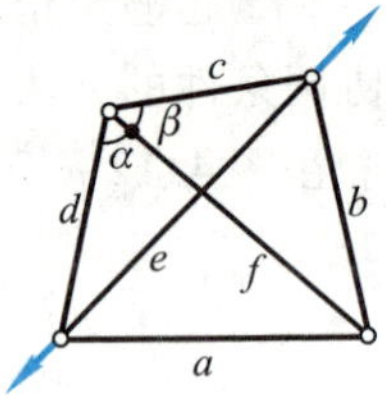

图 4.14

$$a\mathrm{d}a = d\mathrm{d}d + f\mathrm{d}f - f\mathrm{d}d\cos\alpha - d\mathrm{d}f\cos\alpha + df\sin\alpha\mathrm{d}\alpha \tag{d}$$

$$b\mathrm{d}b = f\mathrm{d}f + c\mathrm{d}c - c\mathrm{d}f\cos\beta - f\mathrm{d}c\cos\beta + fc\sin\beta\mathrm{d}\beta \tag{e}$$

$$e\mathrm{d}e = d\mathrm{d}d + c\mathrm{d}c - c\mathrm{d}d\cos(\alpha+\beta) - d\mathrm{d}c\cos(\alpha+\beta) + dc\sin(\alpha+\beta)(\mathrm{d}\alpha + \mathrm{d}\beta) \tag{f}$$

这对于手算无疑是很不方便的,但用电算则仍不失为一种有新意的方法。

4.6 折杆的刚度方程

在位移法中,我们学习了等截面直杆的杆端力(剪力和弯矩)与杆端位移(横向线位移和转角)的关系,这种关系的表达式通常称为直杆的刚度方程,也就是矩阵位移法中梁单元的单元刚度方程。

刚度方程的概念也可以扩展到变截面直杆、曲杆或折杆上面去,相应的结果在结构计算中有时也很有用。下面以等截面折杆为例来讨论一下这一问题。

图4.15a所示为一两端固定的折杆,EI = 常数。当 A 端发生顺时针单位转角时,我们很容易(例如,用力矩分配法)得出它的弯矩图,如图4.15b所示(图中$i = EI/a$);同理可得当 B 端发生顺时针单位转角时折杆的弯矩图,如图4.15c所示。

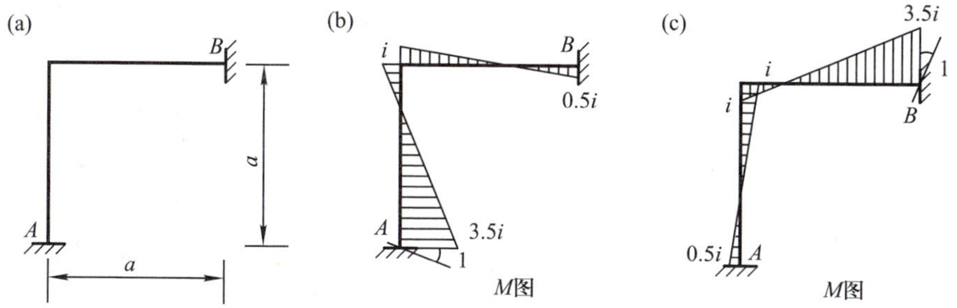

图 4.15

利用以上结果，我们可以仿照直杆的刚度方程，写出以下的等式（杆端弯矩和转角均以顺时针方向为正）

$$\left.\begin{aligned} M_{AB} &= 3.5i\theta_A - 0.5i\theta_B \\ M_{BA} &= 3.5i\theta_B - 0.5i\theta_A \end{aligned}\right\} \tag{4.5}$$

我们还可以求出上述情况下的杆端剪力和轴力，也可以求出结点 A 和 B 发生线位移（包括水平方向和竖直方向的线位移）的情况下的杆端弯矩、剪力和轴力，从而将式（4.5）扩充成用 6 个杆端位移分量表达 6 个杆端力分量的包含 6 个方程的刚度方程组，这里从略。注意，与直杆的刚度方程不同的是，在折杆的扩充的刚度方程组中，轴向和横向的杆端力和杆端位移是相互影响的。

下面举一个例子说明折杆单元刚度方程的应用。

例 4.9　作图 4.16a 所示结构的弯矩图，设各杆 EI = 常数。

解　本题显然宜用位移法求解，但即使用位移法，按一般的方法也有 3 个未知转角。利用上面推导的折杆的刚度方程（4.5）和图 4.15b、c，可以只取结点 A 的转角为基本未知量，建立图 4.16b 所示的位移法基本体系，其中包含两个折杆单元 AB、AE 和两个直杆单元 AC、AD。基本方程为

$$r_{11}Z_1 + R_{1P} = 0 \tag{a}$$

分别作$\overline{M}_1$ 图和 M_P 图，如图 4.16c、d 所示。由$\overline{M}_1$ 图得 $r_{11} = 15i$；由 M_P 图得 $R_{1P} = -qa^2/12$。代入方程（a）求解得

$$Z_1 = qa^2/180i$$

最后，由 $M = Z_1\overline{M}_1 + M_P$ 作弯矩图，如图 4.16e 所示。为了方便标注，图中的弯矩值被放大了 180 倍。

本例中，折杆单元上没有荷载作用，问题相对简单。如果折杆单元上有荷载作用，则还要先对折杆单元求出其在荷载作用下的固端弯矩，即“载常数”。

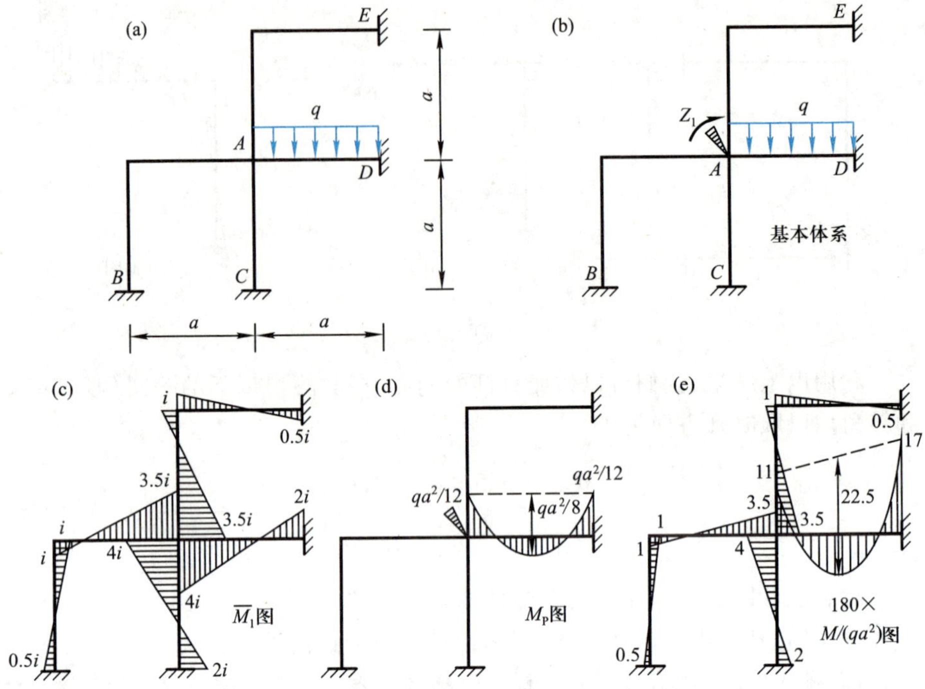

图 4.16

本例中的折杆单元 AB、AE 各由两根直杆组成，也可以看成是原结构的两个"子结构"。所谓子结构就是由结构整体中的部分杆件组成的结构。当子结构比较简单时，它的刚度矩阵可以用本节的方法直接从刚度矩阵元素的物理意义推导出来；一般情况下，子结构的刚度矩阵可以通过"缩聚"，即从刚度矩阵中消去与它的内部结点（本例中子结构 AB、AE 的未加标注的结点就是它们的内部结点）相应的刚度系数得到。感兴趣的读者请阅读参考文献[3]§10－9。

将结构分解为子结构，可以将一个较大的问题分解为若干较小的问题，在一定条件下是一种可取的方法。

4.7　关于"准"对称结构

什么是对称结构？按照教科书上的定义，"对称"的要求是相当严格的，结构的几何形式（包括轴线形状和杆件的连接方式）、支承方式、杆件截面的几何性质和材料性质，都必须对称于某一共同的轴线。而实际上，不少结构虽然并不完全符合这一定义，却可以利用对称结构的性质而"享受"求解上的便利。一个最简单的例子就是简支梁，它是对称结构，好像是没有问题的，大家对此也都很习惯:在对称荷载作用下,它的弯矩图是对称的(图 4.17a);在反对称荷载作用下,它的弯矩图是反对称的(图 4.17b)。

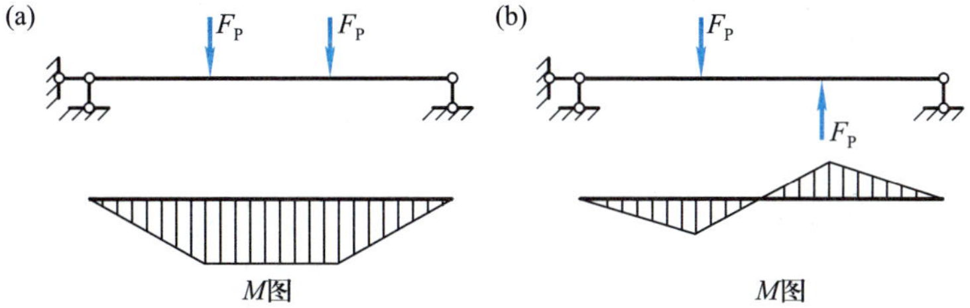

图 4.17

但是,拿对称结构的定义对照一下,问题就来了:简支梁的一端(图 4.17 中梁的左端)有水平支杆,另一端却没有,支承方式明显不对称,它怎么能算是对称结构呢?

把简支梁当作对称结构,既对又不对。"对",是因为既然是梁,它的主要功能就是承受侧向(竖向)荷载。在竖向荷载作用下,简支梁的水平支杆并不产生反力,即使把它去掉,对梁的平衡也不会有任何影响。在此情况下,把梁当成对称结构,利用对称性来计算它的内力是毫无问题的。

说把简支梁当作对称结构"不对",是因为一个结构,总是可能要承受各种荷载,因此一个结构是否对称,就要经得起各种荷载的考验。以图 4.18a 所示简支梁在中点受斜向集中力作用的情况为例,可以将这个集中力分解为一个竖向力和一个水平力,其中竖向力是对称荷载,相应的内力是对称的;水平力是反对称荷载,相应的内力是 AC 段有轴力(压力)而 CB 段不受力,并不是反对称的。在这种情况下,梁不能算是对称结构。

说把简支梁当作对称结构"不对",还有一个理由,那就是即使梁只受对称荷载作用,它的内力是对称的,但轴向(水平)位移并不对称。如图 4.18b 所示:在竖向对称荷载作用下,梁发生弯曲变形,从而它的轴线在水平方向的投影会有一个微小的缩短。由于梁左端的水平位移受到支杆的约束,左端没有位移而右端向左移动,显然梁的水平位移并不对称于变形前的对称轴。

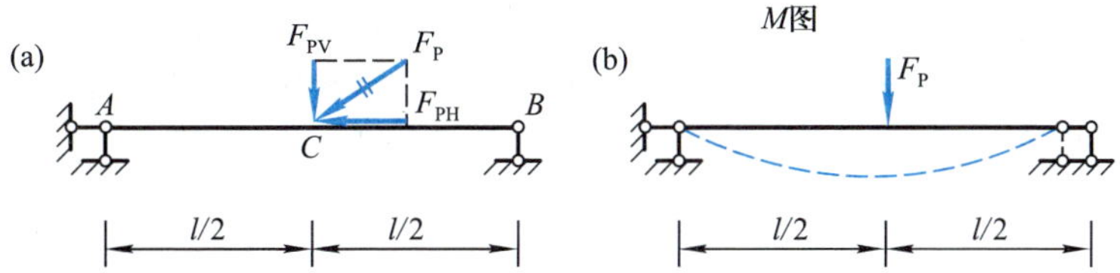

图 4.18

与简支梁类似的情况还有很多,例如图4.19所示的几个类型不同的超静定结构,它们的共同特点是除支承方式外其他对称性要求都满足,在竖向荷载作用下,它们的水平支杆都只是一个不受力的“摆设”,因此如果仅从受力角度考虑,将它们视为对称结构都是可以的。我们将这种结构称为“准”对称结构。

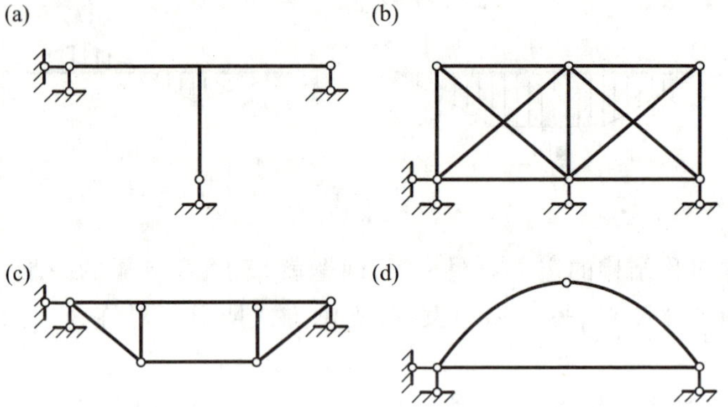

图4.19

“准”对称结构的唯一的水平支杆破坏了它的对称性,但这根支杆对于保证结构的几何不变性却是不可缺少的;这根支杆虽然在竖向荷载作用下只是一个“摆设”,但如果有水平荷载作用,它又具有“独当一面”的重要性,它所提供的水平反力就等于全部水平荷载的总和,因而是静定的。由于这一特点,“准”对称结构在水平荷载作用下的内力计算也可以利用对称性得到简化。

以图4.19b所示的3次超静定桁架为例。在水平荷载作用下,首先,去掉水平支杆,将水平反力也当成一种荷载施加在结构上,如图4.20a所示。这时体系虽然外部几何可变,但它所受的荷载与反力构成一个平衡力系,因而仍然具有结构的功能。其次,将荷载(包括水平反力)分解成对称和反对称的两组。在对称荷载作用下(图4.20b),桁架的反力和内力也是对称的,可以只设两个基本未知量求得它的结果;在反对称荷载作用下(图4.20c),桁架的反力和内力也是反对称的,中间支座的反力为零而左右两个竖向反力静定,可以只设一个基本未知量求得结果。

图4.19a、c、d所示均为一次超静定结构,水平荷载作用下内力的求解更加简单。例如,设图4.19a所示刚架的竖杆上有水平荷载作用(图4.21a),容易判断:在水平反力的对称部分作用下,只有AB杆受轴力作用,其余内力为零;在荷载(本身反对称)和水平反力的反对称部分作用下,中间支座C的反力为零,其余两个竖向反力反对称且静定,因此所有内力都是静定的,图4.21b是它的弯矩图。

掌握了“准”对称结构的特点,在利用对称性计算超静定结构时,也可以取

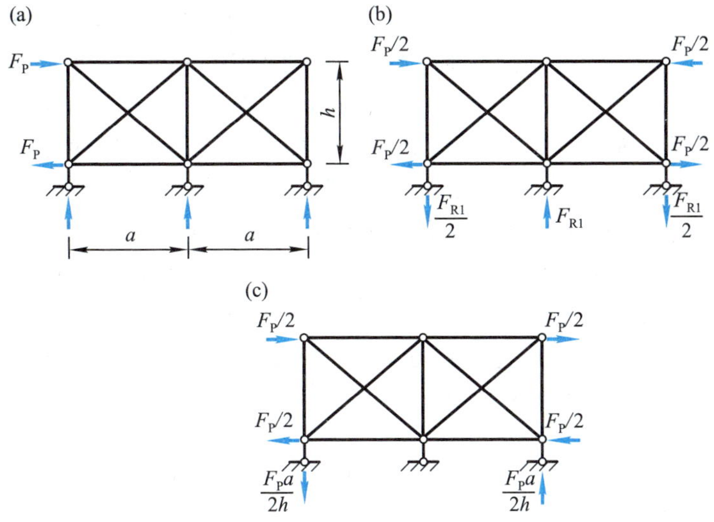

图 4.20

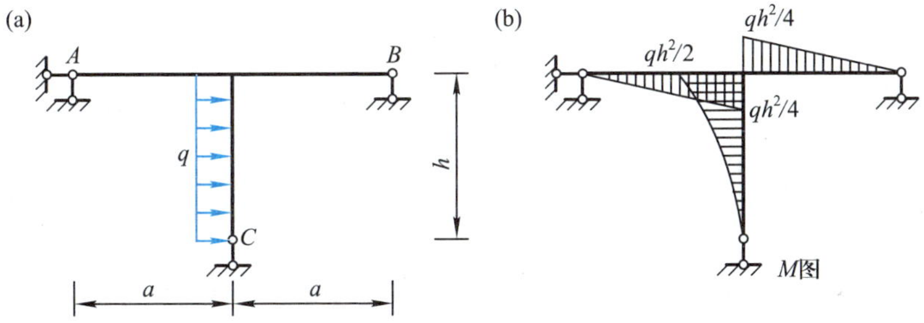

图 4.21

“准”对称的基本体系使计算得到简化，参见第 5.11 节“形形色色的趣题(一)”例 5.10。

4.8 一个真实的“半结构”

取“半结构”，是利用结构对称性的一种方法。对半结构的计算完成以后，还要再次考虑对称性，将计算结果还原到完整的结构上去。因此，半结构似乎只是某种计算中拿来用一用的工具，工程中并不存在所谓的“半结构”。

然而，在德国斯图加特有这样一座悬索桥，它就巧妙地把取“半结构”的思路贯彻到了工程实践之中，使“半结构”成为一个真实的存在(彩图 3)。

这是一座跨越高速公路的人行天桥，跨度不大，充其量 30 m 左右。而悬索桥却是一种适合于大跨度的桥型，用在中小跨度上并不经济，主要是两座桥塔在总造价中所占的比重当跨度减小时会上升到不合理的程度。但是建筑师或许是对悬索桥有所偏爱而苦于没有机会施展，或许是厌倦了司空见惯的别的桥型而想换换花样，总之他就是要"螺蛳壳里做道场"，让悬索桥在这小小的几十米跨度上一展风采。他也知道，这样做难免会有人嘲笑，说他牛刀杀鸡，小题大做，于是他灵机一动，想到了"半结构"。他想：造一座 30 m 跨度的悬索桥会招致物议，造一座 60 m 跨度的悬索桥如何？批评的声浪总会小得多吧！把 60 m 跨度的悬索桥取一半，用到这 30 m 跨度上来，不是很好吗？他的思路可以用图 4.22 表示，其中图 4.22a 和 b 是跨度分别为 30 m 和 60 m 的完整悬索桥方案，图 4.22c 是 30 m 跨度的"半"悬索桥方案。我们可以看到，"半"悬索桥只用了一个桥塔，因此造价低于两个桥塔的完整的悬索桥。

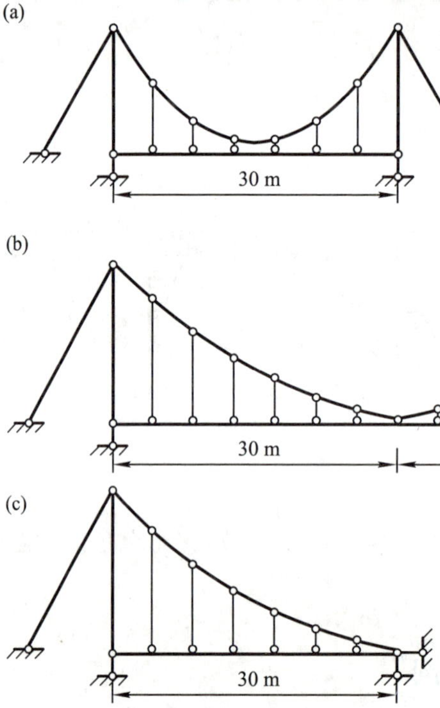

图 4.22

以上阐述的建筑师的设计思想纯属作者的"望桥生义"，未必是建筑师本人的真实想法。但建筑师的作品也和诗人的作品一样，是放在那里任凭仁者见仁、智者见智的。所谓"作者未必然，读者不必不然"，我们看到一个构思巧妙的建筑或结构，尽可以运用自己所掌握的知识去揣测设计者的用心，从中悟出一些门道来。

需要说明的是,从结构力学的观点严格地说来,图 4.22c 所示的"半"悬索桥并不是图 4.22b 所示的悬索桥的半结构。当荷载对称时,它的右边支座比理论上的半结构多了一个竖向约束;荷载反对称时,右边支座又多了一个水平约束。但作为一个建筑,它总是要承受各种荷载的,所以这两个约束都是不可缺少的。

最后指出,这个人行天桥还有一个可取之处是稳定索的应用(参见彩图 3)。稳定索被对称地布置在桥下方两侧的倾斜面内,它既能抵抗风荷载产生的向上的作用力,又能防止桥左右摇摆,增加了桥的刚度。这一点对于轻型桥梁是十分重要的。

4.9 无剪力分配法回头望

去风景区旅游,有句话叫做"千金难买回头望",大意是说一个景点,当它在你前方时你一般不会错过,会被它吸引,不辞登攀之苦去欣赏它;但是当你已经"到此一游"而心满意足地离去的时候,如果不回头再看一看这个刚刚经历的美景,你很可能就因此而错过了此行最有价值的东西,因为对这个景点来说,"回头望"也许正是观赏它的最佳角度。

学习结构力学也是如此。课程中的一个个知识点,就像是风景区的一个个景点,学过之后,在适当的时候"回头望"一下,往往会有新的体会,收到温故知新、融会贯通的功效。

比如关于对称性的利用。你的教科书可能是在讲"力法"时教你如何取对称的基本体系,而在讲"位移法"时又教你如何去取"半结构"。如果你在学到"半结构"的时候"回头望"一下"力法"一章关于对称性的内容,你就会知道,其实取"半结构"的方法,也适用于用力法求解超静定对称结构;同样,取对称基本体系的方法也适用于位移法。

比如互等定理。如果你不在学习力法、位移法和影响线时回头望一望有关的互等定理,你简直就难以理解当初讲这些定理到底有什么实际的用处。

类似的例子不胜枚举。结构力学是一门系统性较强的课程,它的各部分内容之间联系紧密,有横向的,也有纵向的,这就决定了在学习过程中"回头望"的重要性。这是一个学习方法问题。

本节要讨论的是,学了无剪力分配法,"回头望"能有什么具体的收获。

无剪力分配法是力矩分配法的一个特例,在总体上,它与一般的力矩分配法并无不同。它的特殊性主要体现在"剪力静定杆"上:这种杆件的转动刚度就等于它的线刚度 i;传递系数等于 -1;固端弯矩按一端固定一端滑移的杆件计算。这三点其实是统一的,都是把剪力静定杆看成了一端固定一端滑移的杆件。

力矩分配法本质上是位移法，无剪力分配法当然也不例外。学了无剪力分配法，“回头望”一下就会明白，凡是符合无剪力分配法应用条件的刚架，在用位移法计算时都可以只取角位移为基本未知量而不把线位移作为基本未知量。例如图 4.23a 所示的对称刚架，将荷载分为对称和反对称的两组，相应的半刚架分别如图 4.23b、c 所示。在学习无剪力分配法之前，你也许会说：前者（图 4.23b）超静定次数为 2 而只有一个未知角位移，适宜用位移法计算；后者（图 4.23c）超静定次数为 1 而各有 1 个未知角位移和未知线位移，适宜用力法计算。在学了无剪力分配法之后重新审视这种说法，就会发现，其实图 4.23c 所示半刚架的未知线位移是可以不作为基本未知量的，因此也适宜用位移法计算。

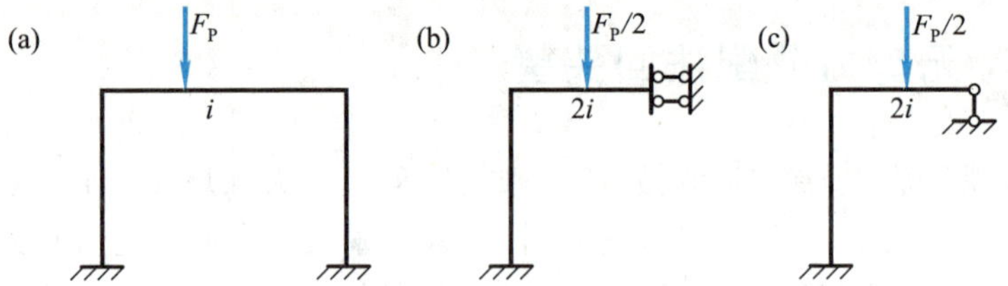

图 4.23

例 4.10 作图 4.24a 所示结构的弯矩图（EI = 常数）。

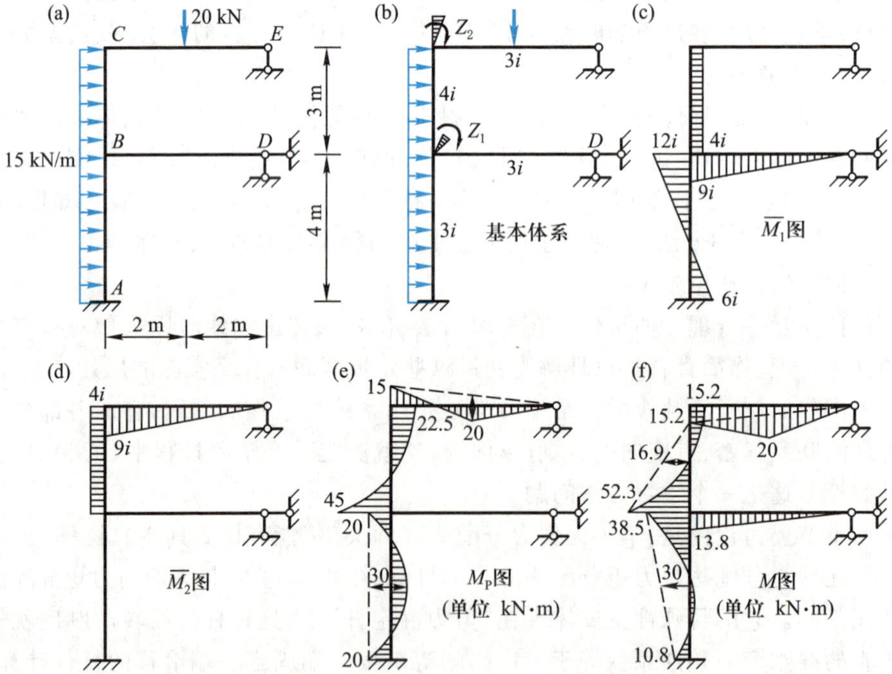

图 4.24

解 此结构为3次超静定，有2个未知的结点角位移和1个未知结点线位移，但根据上面的讨论，这个线位移并不独立，因此本题宜用位移法求解。基本体系如图4.24b所示，其中仅对结点B、C的转角加上了附加约束（图中$i = EI/12\ \text{m}$）。基本方程为

$$\left.\begin{aligned} r_{11}Z_1 + r_{12}Z_2 + R_{1P} = 0 \\ r_{21}Z_1 + r_{22}Z_2 + R_{2P} = 0 \end{aligned}\right\} \tag{a}$$

作基本体系分别由于单位未知转角$\overline{Z}_1 = 1$、$\overline{Z}_2 = 1$和荷载而产生的$\overline{M}_1$图、$\overline{M}_2$图和M_P图，如图4.24c、d、e所示。注意在作$\overline{M}_1$图和M_P图时，BC杆的约束情况是“下端固定上端滑移”，而在作$\overline{M}_2$图时，该杆的情况是“上端转动下端相对滑移”。利用这三个弯矩图计算出系数和自由项，代入基本方程(a)解出两个未知转角Z_1和Z_2，最后利用公式$M = Z_1\overline{M}_1 + Z_2\overline{M}_2 + M_P$作所求的弯矩图，见图4.24f。具体计算从略。

4.10 “无穷大”是多大？

在结构力学中，常常会碰到“$EI = \infty$”或“$EA = \infty$”的提法。所谓“$EI = \infty$”，是说某根杆件在横向荷载或力偶荷载作用下不会产生弯曲变形；“$EA = \infty$”，则是说相应杆件在受轴向荷载作用时不会产生轴向变形。实际上，结构的任何构件在外力作用下或多或少都会产生相应的变形，只不过为了简化计算，在一定条件下可以忽略结构的某些部分的某种变形，或者说，将某些构件的某种刚度假定为“无穷大”。这里的“一定条件”，归根结底是要求，在作了这些简化假定之后，其计算结果的误差被限制在可以接受的范围内。这也就是在结构力学绪论中一般都要讲到的计算简图的选取原则的问题。那么，EI或EA到底要多大就可以认为是无穷大呢？

为了回答“无穷大是多大”这个问题，现来讨论一个简单的例子。

图4.25a是一个刚架的计算简图。用力法、位移法或力矩分配法并且考虑结构的对称性，不难求得

$$M_{AB} = \frac{F_P h}{4}\left(1 + \frac{1}{1+6k}\right),\quad M_{BA} = \frac{F_P h}{4}\left(1 - \frac{1}{1+6k}\right) \tag{a}$$

图4.25b是另一个刚架的计算简图。用相同的方法可知

$$M_{AB} = \frac{F_P h}{4},\quad M_{BA} = \frac{F_P h}{4} \tag{b}$$

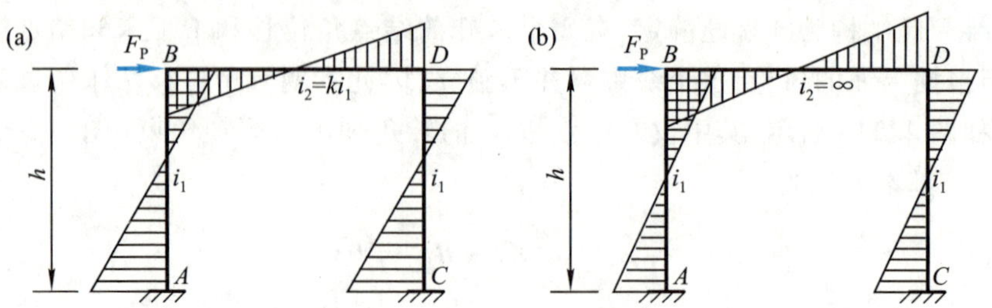

图 4.25

我们知道，图 4.25b 实际上是图 4.25a 中横梁的线刚度 $i_2\to\infty$ 或梁和柱的线刚度之比 $k\to\infty$ 时的极限情况。在式(a)中令 $k\to\infty$，就得到式(b)。"无穷大是多大"也就是问，k 取什么值时，将图 4.25a 简化为图 4.25b 才是合理的呢？

假定问题的精度要求是杆端弯矩的相对误差不超过 5%，分别将式(a)和(b)中的弯矩值取为精确值和近似值，则应有

$$\frac{1}{2+6k}\leqslant 0.05,\qquad \frac{1}{6k}\leqslant 0.05$$

于是得

$$k\geqslant\frac{10}{3}\approx 3.33 \tag{c}$$

因此，只要满足了式(c)，就可以将图 4.25a 中横梁的线刚度取为无穷大了。由此看来，"无穷大"有时并不像我们可能想象的那么大。

在刚架计算中，将梁的线刚度取为无穷大，其结果是刚架的结点只有水平线位移而没有转角。这样做带来的简化效果对于本例的计算并不十分明显，因为图 4.25a 所示的刚架是一个单跨对称刚架，利用对称性，无论用力法还是位移法都可以化为只有一个基本未知量的问题；但是如果将问题的条件稍稍改变一下，例如将右柱的线刚度改为 $0.8i_1$，那么如果不采用横梁线刚度为无穷大的简化假定，不管是用力法还是位移法，就都非取 3 个基本未知量求解不可了。

对于多层多跨刚架，采用梁的线刚度为无穷大的假定，用位移法计算时可以大大减少未知量的个数，这正是刚架近似计算中"反弯点法"的原理。

顺便讲个故事。说的是 20 世纪 70 年代末，我国刚刚恢复了研究生培养制度。某校研究生招生考试中，结构力学试卷上就有一道与图 4.25a 类似的刚架计算问题，其中梁和柱的线刚度之比较大。一位考生因时间关系来不及严格按题目的条件求解，情急之下将梁的线刚度近似地取为无穷大，并简要地说明了这样做的理由。虽然他"擅自"改变了题目的条件，但计算所得的结果与标准答案却相差无几。在这道题上，应该给他多少分呢？经过认真讨论，阅卷老师们一致

认为,该生概念清楚,处理问题大胆、灵活,难能可贵,是个人才,可以给他满分!这位考生被录取后在学习中的表现及毕业后在工作中的表现证明,老师们确实没有把他看错。

事情过去了三十几年,这段往事还不时被该校的结构力学老师们提起,作为说明知识与能力的关系、学与用的关系的一个生动实例。

关于"无穷大是多大",还可以参考下一章第 5.7 节,根据与式(b)以及图 5.17 有关的讨论,在那里"$\infty = 16\pi^2 EI/l^3$"。

4.11 怎样画好变形曲线?

浏览随便哪一本结构力学教科书或参考书,除了内力图之外,我们还会不时地看到结构的变形曲线(一般用虚线表示)。这些曲线是怎么画出来的,教科书上一般都不讲。但学到连续梁的影响线,一个最实用的方法是"挠曲线比拟法",要求我们画出梁与某个单位位移相应的挠曲线图形,不会画变形曲线又不行了。那么,怎样才能画好变形曲线呢?下面以刚架为例,介绍一些基本的原则和方法,因为刚架的变形曲线最难画,会画刚架的变形曲线,其他结构的变形曲线就基本上不在话下了。

首先说明,所谓"画变形曲线",可以从定性和定量两个层次上提出要求。定性,就是通常所说的画曲线的"形状"或"轮廓",或者叫做"勾画";定量,则要求精确地画出曲线,通常采用描点法,不妨称为"描画"。"勾画"的要求不如"描画"那么严格,那么细腻,但也绝不等于可以随意"乱画"。本节所要讨论的是如何"勾画"变形曲线的问题,在这一层次上,刚架的变形曲线必须满足以下基本要求:

(1) 变形曲线必须符合支座的约束条件和杆件的联结条件;

(2) 变形曲线必须正确反映结点线位移和角位移的方向;

(3) 变形曲线必须正确反映杆件轴线的弯曲方向。

下面结合几个例题说明如何满足这些要求。

例 4.11 对称刚架在水平杆件上受均布荷载作用,其弯矩图的形状如图 4.26a 所示,试勾画刚架的变形曲线。

解 由于对称性及忽略杆件的轴向变形,刚架各结点均无线位移。变形曲线的勾画可从支座沿立柱向上,到柱顶后再从梁 BB' 的两端向中间进行(图 4.26b)。因为支座无转角,柱底弯矩使柱内侧受拉,所以变形曲线下端与竖直线相切,从支座起向外弯曲,直到弯矩图的零点,也就是反弯点,容易判断其高度为柱高的 1/3;反弯点以上,曲线变为向内弯曲,一直延伸到柱顶;从曲线的走势,可以看出结点 B 顺时针转动,B' 逆时针转动;最后,根据梁上反弯点的位置

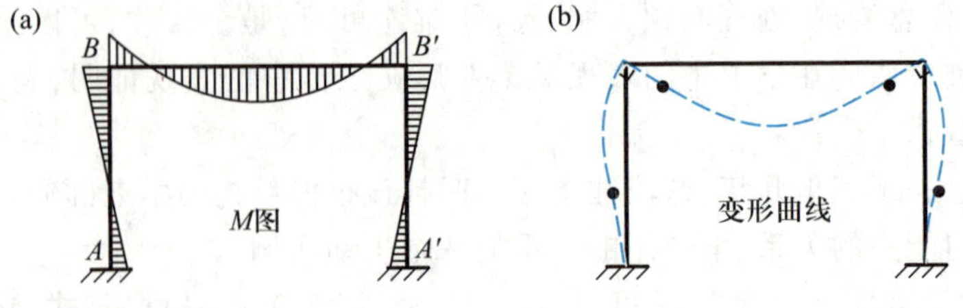

图 4.26

和各段的弯曲方向，不难画出梁的变形曲线。变形曲线如图 4.26b 所示，其中圆点表示反弯点。注意刚结点虽然有转动，相交于刚结点的杆件夹角不变（本例中为直角）。

例 4.12 刚架在荷载作用下的弯矩图如图 4.27a 所示，试勾画刚架的变形曲线。

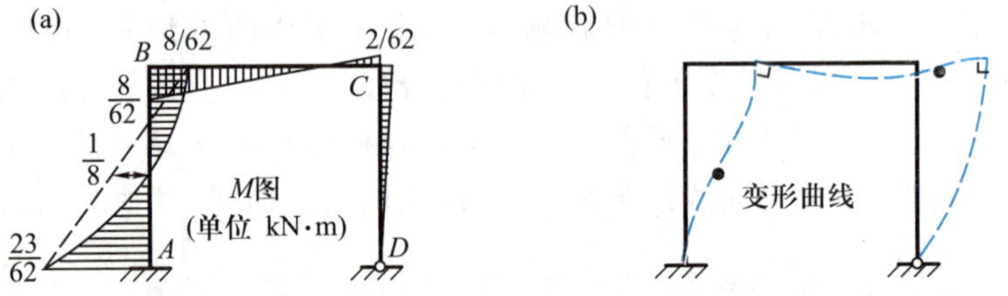

图 4.27

解 由于忽略杆件的轴向变形，结点 B、C 无竖向线位移且水平线位移相等。变形曲线的勾画可沿 $A \to B \to C \to D$ 的路线进行（图 4.27b），勾画时注意拐点的位置和各段曲线的弯曲方向要与弯矩图所示的受拉边一致。杆 BC 上拐点的竖向位移由图乘法可知是一个很小的值（计算从略），方向向下。杆 CD 的弯矩值较小，曲率当然也很小，勾画时要尽量体现这一点。

如果不能直观判断结点 B、C 的水平位移的方向，可去掉支座 D 的约束，在所得的基本结构（静定）的结点 B 施加向右作用的单位水平力，容易看出相应的单位弯矩图（从略）与已知弯矩图相乘结果为正（无需定量计算），因此 B、C 的水平位移方向向右；同样，如果不能直观判断结点 B 的转动方向，可在上述静定基本结构的结点 B 施加单位力偶，通过简单的计算可知结点 B 是顺时针转动。

例 4.13 刚架所受的荷载及相应的弯矩图的形状如图 4.28a 所示，试勾画刚架的变形曲线。

解 这是一个复合式静定结构。在结点 B 无论是施加单位水平力还是单位力偶，相应的弯矩图（从略）与已知弯矩图相乘结果均为零，因此结点 B 既无线位移也无角位移；同样，用图乘法可以判断结点 D 逆时针转动，结点 C 两边竖向位移的方向为左边向上而右边向下，绝对值是左边小于右边。根据以上的判断勾画变形曲线,如图 4.28b 所示。注意结点 C 两边曲线的切线应保持平行。

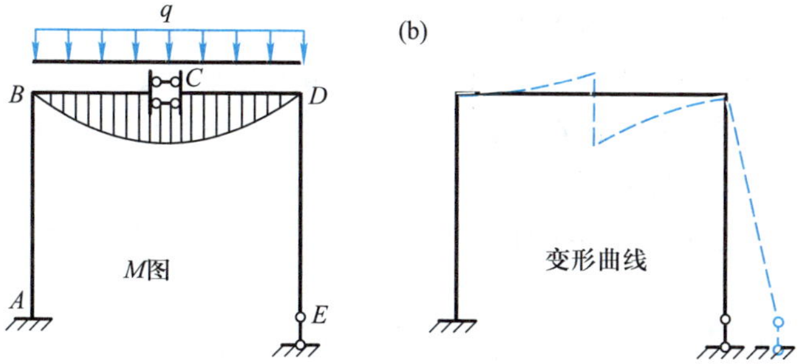

图 4.28

通过以上三个例题,可以看出勾画变形曲线的要点不外乎以下三条:

“定点”——确定结点和反弯点的大概位置(对滑移结点要注意结点两边线位移不同,例 4.13);

“定角”——确定结点的转动方向(对铰结点要注意结点两边角位移不同,见下面的例 4.14);

“定线”——确定各杆段的弯曲方向。

对以上三条要灵活地加以考虑和应用,和“速画弯矩图”(第 2.10 节)一样,先易后难,能确定的先确定下来。尽量避免用图乘法,即使用也要尽量避免定量计算,能判断图乘结果的符号就行。当然,也不能过分相信“直观”或“直觉”,例如例 4.13,不用图乘法恐怕很难想象荷载向下作用而结点 C 的左边却会向上运动。

最后再给出一个具有一定综合性的例子。

例 4.14 刚架的 EI = 常数,BC 杆上有均布荷载作用,结点 D 有集中力作用,两者的方向均向下;支座 A 有顺时针转角。相应弯矩图的形状如图 4.29a 所示。试勾画刚架的变形曲线。

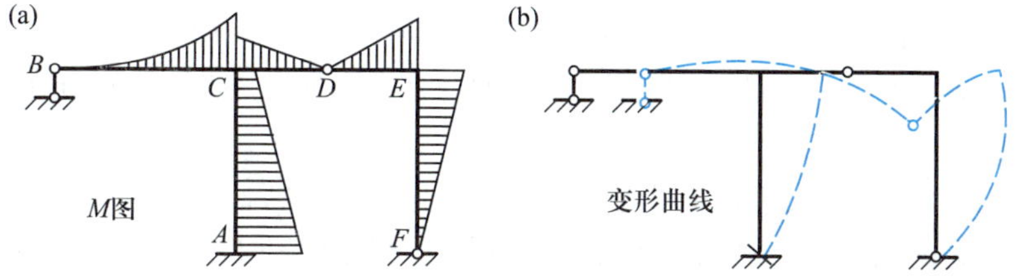

图 4.29

解 从结点 A 入手,变形曲线在此处的切线方向必须与支座的顺时针转动一致。AC 杆向左弯而 BC 杆向上拱起,B 点无竖向位移,因此结点 C 只能是顺时针转动且向右移动,否则 ACB 部分的变形曲线根本无法画。其余部分的曲线不难画出,最后结果如图4.29b所示。

如果要用图乘法判断水平杆各结点的位移,包括结点 D 的竖向位移的方向,最好是采用一个撤除了支座 A 的转动约束(另外再去掉一个约束,例如 B 处的支杆)的基本结构,这样在计算位移时可以避开原结构的支座转动,尤其在不知道支座转动大小的情况下是有利的。

关于变形曲线的更详细的讨论,可参阅文献[12]§7-5至§7-7。

4.12　重要而有用的概念——转动刚度和传递弯矩

随着计算机技术在结构分析中日益广泛的应用,许多曾经在结构力学舞台上“风光”一时的方法和技巧正在逐步失去人们的重视和兴趣,力矩分配法便是其中的一个,这一点从它在各种新版教材中所占的比重可以看得十分清楚。近几年甚至出现了一种声音,主张将力矩分配法从结构力学课程的基本内容中彻底“清除”。

力矩分配法未来的“命运”如何?作者的估计是“不容乐观”。但是,作为一种方法可以不用,其中涉及的一些基本概念却是十分有用的,尤其是转动刚度和传递弯矩的概念,绝不是“食之无味,弃之可惜”的“鸡肋”。

所谓转动刚度,就是使杆件的一端发生单位转角在该端所须施加的力偶的大小。转动刚度可以相加,一个刚结点的转动刚度等于联结于该结点的各杆端的转动刚度之和。用 S 表示转动刚度,M 和 θ 分别表示杆端力矩和转角,则有

$$S = M/\theta \tag{4.6}$$

$$M = S\theta \tag{4.7}$$

和

$$\theta = M/S \tag{4.8}$$

所谓传递弯矩,就是在杆件的一端(“近端”)施加一个力偶时,杆件的另一端(“远端”)相应产生的力偶的大小。传递弯矩与近端力偶大小的比值就是传递系数。

以上两个概念大家都很熟悉。但是,由于这两个概念是在讲力矩分配法时讲到的,有的人就只有在用力矩分配法解题时才记得它们,离开了力矩分配法就丢掉了这两个概念。

例如遇到这样一道题:“求图4.30所示刚架中结点 A 的转角(EI = 常数)”,有人居然会先费上一番工夫去画弯矩图,再用图乘法求转角,似乎一说到“求转角”,就非用图乘法不可。其实回答这一问题非常简单:结点 A 的转动刚度 $S_A = 3i + 4i + i = 8i(i = EI/l)$,所以 $\theta_A = M/8i = Ml/8EI$。下面的例题同样可以

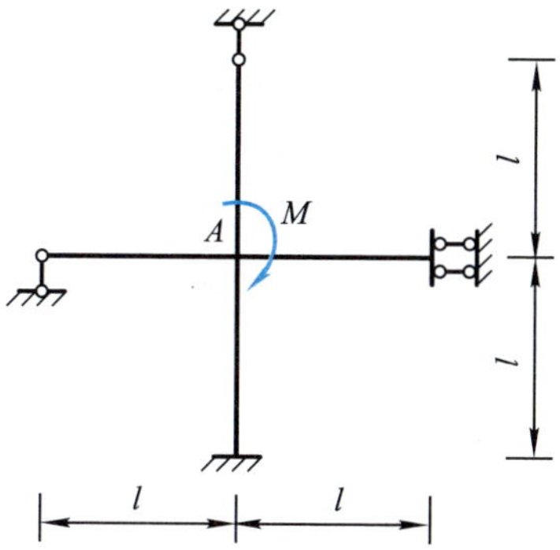

图 4.30

用这种方法轻松地得出答案,如果先画弯矩图再用图乘法就麻烦得多。

例 4.15 试求图 4.31 所示刚架的自由端 D 在荷载作用下的竖向位移。

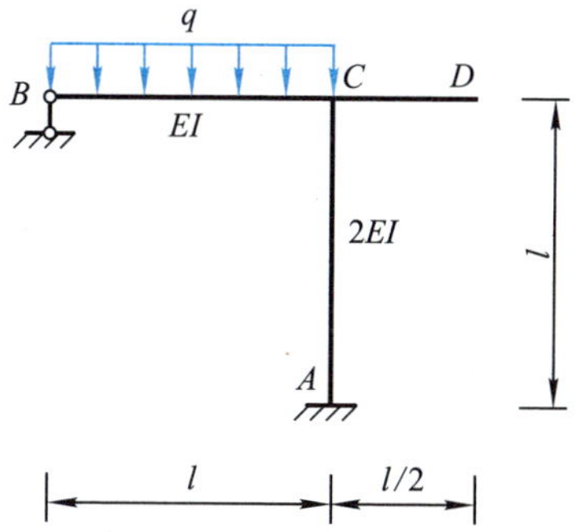

图 4.31

解 结点 C 的固端弯矩为 $M_C^F = ql^2/8$(顺时针),转动刚度为 $S_C = 3i_{CB} + i_{CA} = 5EI/l$(注意 CA 为剪力静定杆),因此结点 C 的转角为

$$\theta_C = -M_C^F/S_C = -ql^3/40EI\text{(逆时针)}$$

D 端的竖向位移为

$$\Delta_{DV} = \theta_C \times l/2 = -ql^4/80EI(\uparrow)$$

至于传递弯矩的概念,我们常常用它而并不自觉。一根下端固定、不直接受荷载作用、上端无侧移的竖直杆件,上端弯矩为 M,下端弯矩必为 $M/2$,反弯点在 1/3 高度处,对此我们已经习以为常了,例如在例 4.7 中就是这样做的(第 4.4 节,图 4.11b)。

熟悉了传递弯矩的概念,还有别的用处。教科书上讲到位移法时通常会给出单跨超静定梁的载常数表,其中梁的支承情况包括两端固定(以下称为 A 型)、一端固定一端铰支(以下称为 B 型)和一端固定一端滑支。其实,只要熟悉传递弯矩的概念，很容易从A型梁的固端弯矩推算出B型梁的固端弯矩。例如，已知均布荷载（集度为q）作用下A型梁（跨度为l）的两个固端弯矩分别为$-ql^2/12$和$ql^2/12$（图4.32a），为了求得同一荷载下跨度相同的B型梁的固端弯矩，我们在铰支端施加一个大小为$-ql^2/12$的力偶，相应的固定端产生的传递弯矩为$-ql^2/24$（图4.32b），将图4.32b叠加到图4.32a上去，就得到B型梁的弯矩：固定端为$-ql^2/8$，铰支端为0。

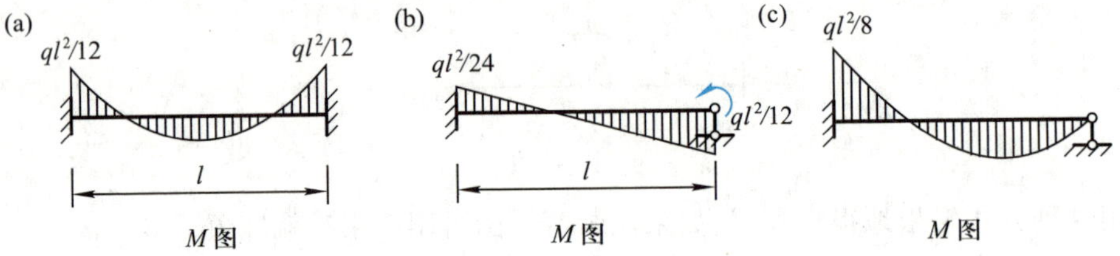

图4.32

用同样的方法很容易求出其他荷载（包括温度变化、支座移动等广义荷载）作用下B型梁的固端弯矩，并且不必作图，只要把A型梁相应于B型梁铰支端的固端弯矩乘以$-1/2$，叠加到另一端的固端弯矩上去，就得到B型梁的固端弯矩。例如，在跨中集中力F_P作用下，两端固定梁的固端弯矩分别为$-F_Pl/8$和$F_Pl/8$，所以左端固定右端铰支梁的固端弯矩为

$$-F_Pl/8-F_Pl/16=-3F_Pl/16$$

B型梁的“形常数”也可以这样从A型梁的对应数据推导出来。在A型梁的一端发生顺时针单位转角时，其固端弯矩分别为$4i$和$2i$（i为梁的线刚度），所以相同情况下B型梁的固端弯矩为

$$4i-2i/2=3i$$

4.13 “成长”中的结构

在传统的结构力学中，我们习惯于把结构看成一种具有给定几何形状、刚度和质量的一成不变的体系，而很少去考虑它们的形成过程。我们在潜意识中或多或少有一个“先有结构、后加荷载”的概念，似乎结构可以有某种脱离荷载而存在的“真空”状态，就像新盖好还没住人的房子那样。大多数人画图的习惯也反映了这种潜意识。例如，在画图4.33a所示的三层刚架时，一般都是先画好整个结构，再给它添上荷载；很少或者没有人会采用画一层结构、加一层荷载，再画一层结构……这样一种作法。

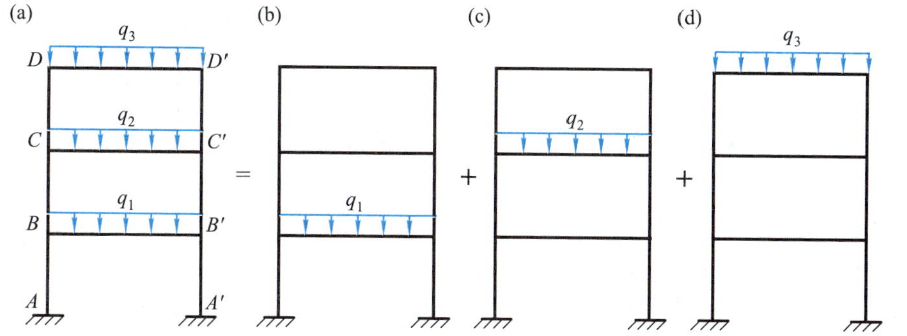

图 4.33

然而,“新盖好没住人”的房子也并不是“真空”的,房子的自重就是一种荷载(恒载)。这是结构“与生俱来”、如影随形、无法摆脱的,是随着结构的“成长”过程逐步加到结构上的。所以结构并不存在不受荷载的“真空”状态,除非它的自重与其他荷载(活载)相比小到可以忽略不计的程度,可惜这种情况是很少的,现代多高层建筑的自重更是会占到全部荷载的一半以上。此外,建筑物施工过程中的活荷载也是必须考虑的。

那么,“先有结构、后加荷载”的想法会产生什么问题呢?让我们结合图 4.33a 简单地分析一下,为简化起见,假定图中的荷载仅包括恒载。按照“先有结构、后加荷载”的思维方式,不管荷载是一次性地还是一层一层地施加到结构上,结构总是不变的;根据叠加原理,图 4.33a 所示的状态等于图 4.33b、c、d 所示的三个状态的叠加。这三个状态的共同特点是,不管荷载加在哪一层,都会在整个结构引起内力、变形和位移。这难道有什么不对吗?

实际施工过程中,结构并不是“一气呵成”,而是逐步形成的。为了简化问题,我们不妨假定它是分阶段形成的,每施工一层为一个阶段。考虑以下的施工及加载过程:

(1) 形成第一层,施加第一层荷载(图 4.34b);

(2) 形成第二层,施加第二层荷载(图 4.34c);

(3) 形成第三层,施加第三层荷载(图 4.34d)。

在这个过程中,结构是变化的,每一层荷载都只影响结构已经形成的部分,只有第三层荷载才对整个结构产生影响。将以上三个阶段的内力和变形叠加起来,得到图 4.34a 所示的状态,这个状态的内力和变形与图 4.33a 所示状态显然是不同的。

表 4.1 列出了按照以上两种思路得到的部分杆端弯矩的计算结果。计算数据为:各层柱高均为 l,柱间距为 $2l$,各杆抗弯刚度 EI = 常数;各层均布荷载的集度均为 q。表中的最后一列是两者绝对值的相对误差(以分层加载的结果为标准)。

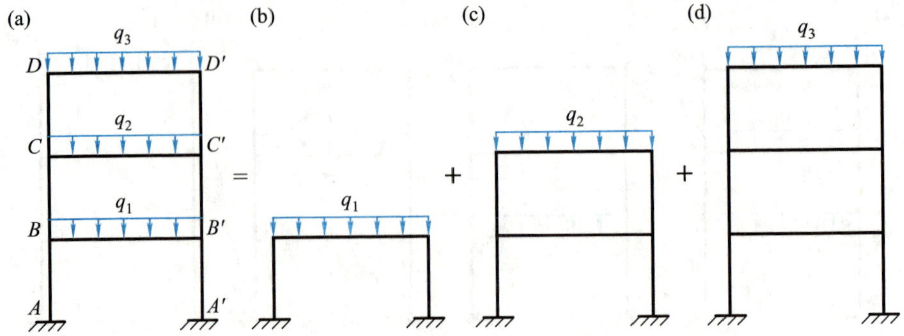

图 4.34

表 4.1 杆端弯矩(ql^2)的计算结果及其比较

杆端弯矩	分层加载(图 4.34)/ql^2	"先有结构再加荷载"(图 4.33)/ql^2	绝对值误差/%
M_{AB}	0.108 5	0.066 9	-38.3
M_{BA}	0.217 0	0.133 7	-38.4
$M_{BB'}$	-0.279 2	-0.332 4	19.1
M_{BC}	0.062 2	0.166 2	167.2
M_{CB}	0.199 1	0.131 8	-33.8
$M_{CC'}$	-0.277 4	-0.317 1	14.3
M_{CD}	0.078 3	0.185 3	136.7
M_{DC}	0.259 8	0.273 2	5.2

由表 4.1 可以得出以下结论:

(1) 考虑结构形成过程与否,计算结果可能有很大的差别,最大可达 1 倍以上;

(2) 不考虑结构形成过程的计算结果,可能偏于安全(偏于保守),也可能偏于不安全;

(3) 基于以上两点,在结构分析中考虑结构的实际形成过程有很大的意义。

本节所讨论的问题属于"施工结构力学"的研究对象。在施工结构力学中,要考虑各种不同的施工方案,使施工完成后的结构符合设计的要求,尤其是避免不安全情况的出现。仍以图 4.33a 所示的三层刚架为例,如果真要实现"先有结构后加荷载",那就要在施工过程中有足够的临时支撑保证结构不受力,到结构最终形成以后再拆除临时支撑,但这不见得是最好的方案,至少是很不经济的。

为了确保结构在施工过程中的安全,也必须认真考虑各种施工方案中结构在不同阶段的力学性能。事实上,这也是施工结构力学的主要任务之一。

施工结构力学是“时变结构力学”的一个分支。“时变”者,随时间而变也。在钢筋混凝土结构施工过程中,结构一层一层地“成长”,各层的模板和临时支撑按一定的程序设置和拆除,这是一种时变;结构的材料性质,例如混凝土的强度等,也有一个随时间而变化的过程,这又是一种时变。此外,还有不少因素导致整个结构的性能处于时变之中。研究时变结构的规律,趋利避害,保证结构在它的整个生命周期内具有预期的功能,这就是时变结构力学的主要任务。

第5章

其　他

5.1 关于影响线的“微分关系”

当结构仅受集中力 F_P(以向下为正)作用时,结构中某一物理量 Z 的影响系数$\overline{Z}$是表示 F_P 作用位置的坐标 x 的函数,$\overline{Z}=\overline{Z}(x)$,它在数值上等于单位集中力 $\overline{F}_P=1$ 作用于 x 时 Z 的大小。$\overline{Z}=\overline{Z}(x)$的图形称为 Z 的影响线。

同样,当结构仅受集中力偶 M(以顺时针为正)作用时,Z 的影响系数$\overline{Z}^M$(上标“M”表示这个影响系数是相应于集中力偶的)是表示 M 的作用位置的坐标 x 的函数,$\overline{Z}^M=\overline{Z}^M(x)$,它在数值上等于单位集中力偶$\overline{M}=1$ 作用于 x 时 Z 的大小。$\overline{Z}^M=\overline{Z}^M(x)$的图形也称为 Z 的影响线。

集中力偶作用下的影响线当然可以参照集中力作用下的影响线的作法,从定义出发,用静力法作出来;但是由于对集中力作用下的影响线已经积累了相当充足的研究资料,我们也可以从这些资料出发去作集中力偶作用下的影响线。为此,必须首先搞清楚这两种影响线之间有什么关系。

设集中力作用下的影响线$\overline{Z}=\overline{Z}(x)$已经作出,如图 5.1a 所示。作用于结构上坐标为 x 的截面的力偶$\overline{M}=1$(图 5.1b)可以近似地用一对相距 Δx、大小为 $F=1/\Delta x$ 的集中力代替,其中左边的一个作用于坐标为 x 的截面,方向向上;右边的一个作用于坐标为 $x+\Delta x$ 的截面,方向向下(图 5.1c)。根据叠加原理,这一对集中力产生的影响量为

$$Z^e=-F\,\overline{Z}(x)+F\,\overline{Z}(x+\Delta x)=[\overline{Z}(x+\Delta x)-\overline{Z}(x)]/\Delta x \tag{a}$$

其中第一个等号右边的 $-F\,\overline{Z}(x)$代表左边的集中力的影响,负号是因为该力方向向上,与规定的集中力的正方向相反。

令 $\Delta x\to 0$(在此过程中始终保证 $F=1/\Delta x, F\Delta x=1$),就得到单位力偶$\overline{M}=1$ 作用于 x 时的影响量

$$\overline{Z}^M=\lim_{\Delta x\to 0}Z^e=\lim_{\Delta x\to 0}\frac{\overline{Z}(x+\Delta x)-\overline{Z}(x)}{\Delta x} \tag{b}$$

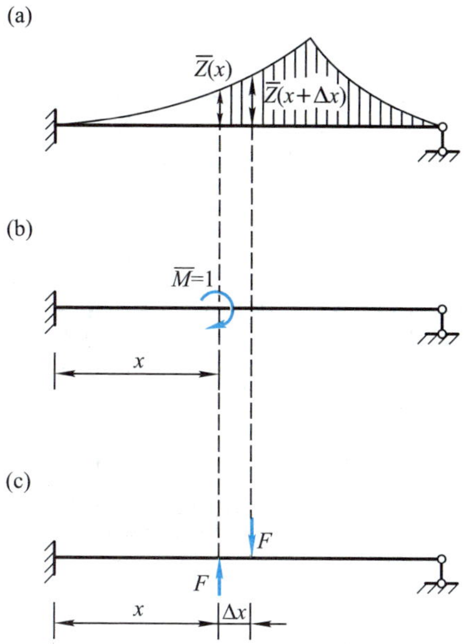

图 5.1

根据导数的定义,上式的右边就是$\overline{Z}=\overline{Z}(x)$的导数。于是有

$$\overline{Z}^{M}(x)=\frac{dZ(x)}{dx} \tag{5.1}$$

即:集中力偶作用下结构某物理量 Z 的影响函数$\overline{Z}^{M}=\overline{Z}^{M}(x)$等于集中力作用下同一物理量 Z 的影响函数$\overline{Z}=\overline{Z}(x)$的导函数。

利用以上微分关系和已知的影响线$\overline{Z}=\overline{Z}(x)$,就可以方便地作出静定结构在集中力偶作用下的影响线$\overline{Z}^{M}=\overline{Z}^{M}(x)$了。图 5.2、图 5.3 分别给出了多跨静定梁和三铰拱在集中力偶作用下的内力影响线的例子,同时给出了集中力作用下的相应影响线,以资对照。注意两种影响线在量纲上的差别。

从以上例子可见,静定结构的内力影响线$\overline{Z}^{M}=\overline{Z}^{M}(x)$都是由平行于 x 轴的直线段构成的。这是因为静定结构内力影响线$\overline{Z}=\overline{Z}(x)$均由直线段构成,各段的导数均为常数。即使影响线$\overline{Z}=\overline{Z}(x)$是用机动法作出的,也很容易根据图形求得这些导数(直线的斜率)。

式(5.1)对于超静定结构也成立,因此以上方法也适用于超静定结构。如果已知超静定结构内力影响线$\overline{Z}=\overline{Z}(x)$的函数形式,则利用式(5.1)可以直接求得$\overline{Z}^{M}=\overline{Z}^{M}(x)$;但如果只知道影响线$\overline{Z}=\overline{Z}(x)$的大致形状,则由于它所能够提供的信息太少,据此作出的$\overline{Z}^{M}=\overline{Z}^{M}(x)$图形可能是十分不准确的。

例如,要作图 5.4a 所示超静定梁在集中力偶作用下的固端弯矩 M_A 的影响

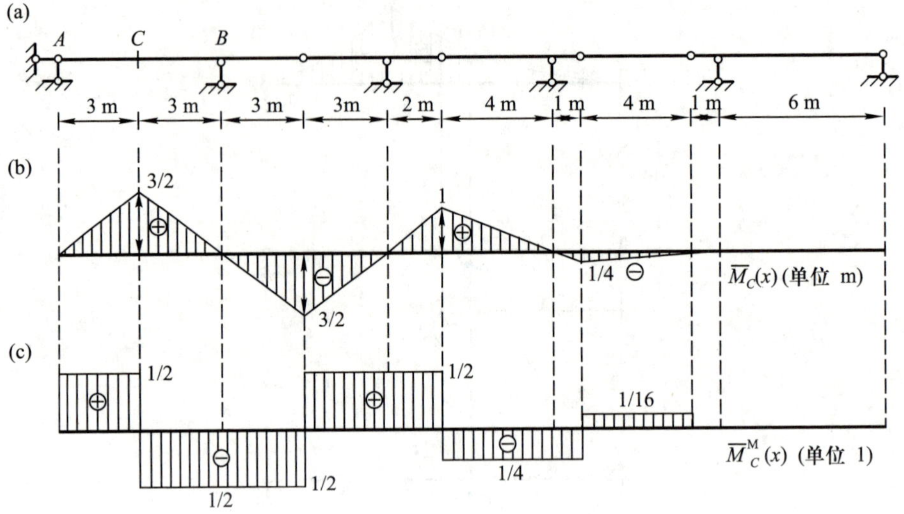

图 5.2

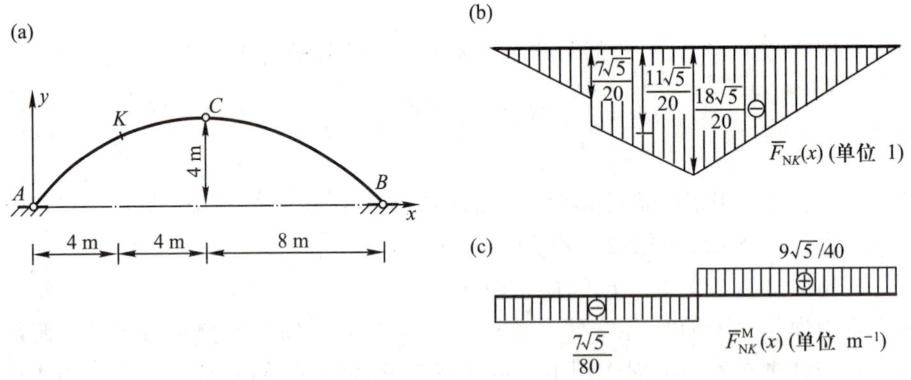

图 5.3

线。如果只知道集中力作用下 M_A 的影响线的形状(图 5.4b),我们根据这条曲线的斜率由负变为正的情况可以画出图 5.4c 或图 5.4d 所示的$\overline{M}_A^M(x)$图形,并且可以肯定$\overline{M}_A^M(0)=-1$。但是这条线是直线还是曲线?如果是曲线,是几次曲线?它是向上凸(图 5.4c)还是向下凹(图 5.4d)?它的左端点或右端点是不是极值点?右端的值$\overline{M}_A^M(l)=$?零点的坐标 $x=$?这些问题的答案,都难以从图 5.4b 获得(利用传递弯矩的概念可以知道$\overline{M}_A^M(l)=1/2$)。但是,如果我们知道了集中力作用下 M_A 的影响线所对应的函数

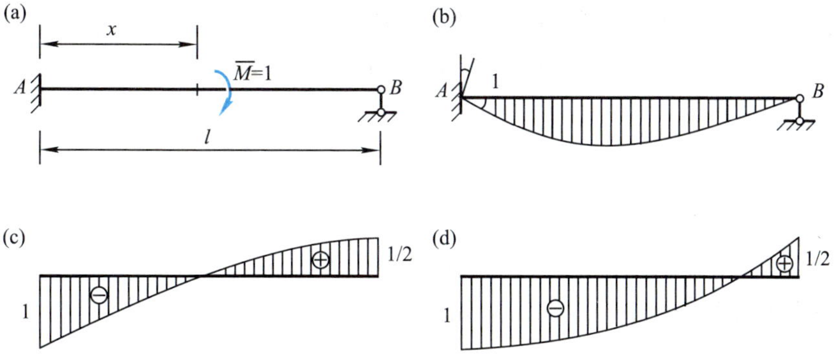

图 5.4

$$\overline{M}_A(x)=-\frac{x^3-3lx^2+2l^2x}{2l^2}$$

则由式(5.1)可得

$$\overline{M}_A^{\mathrm{M}}(x)=-\frac{3x^2-6lx+2l^2}{2l^2}$$

以上问题迎刃而解，再画$\overline{M}_A^{\mathrm{M}}(x)$图形就比较准确了。这些问题的具体答案，以及图 5.4c 和 d 哪一个接近所求的影响线，请读者自己去思考。

最后指出，式(5.1)也可以由虚位移原理(对静定结构，机动法)或功的互等定理(对超静定结构，挠度曲线比拟法)推导出来。以图 5.5a 所示连续梁为例。为了作集中力偶作用下反力 F_{RB}的影响线，撤除支座 B 的约束，使所得到的超静定次数降低 1 的梁在 F_{RB}的方向上发生单位位移，得到图 5.5b 所示的挠度曲线 $y=y(x)$。在梁受单位集中力作用的情况下，根据功的互等定理可得

$$\overline{F}_{RB}(x)=y(x) \tag{c}$$

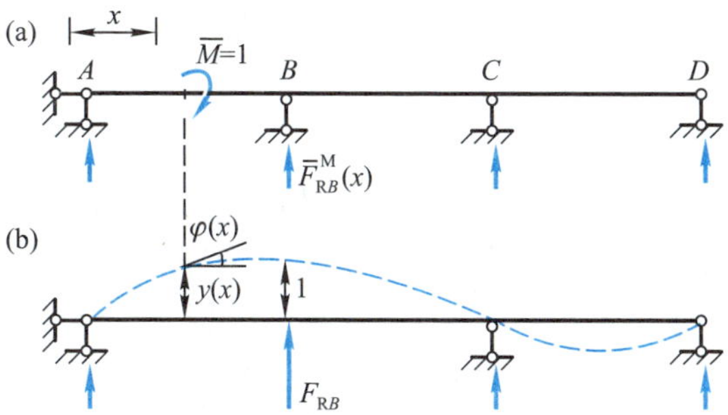

图 5.5

这就是挠度曲线比拟法的原理。在梁受单位集中力偶作用的情况下，图 5.5b 中相应于图 5.5a 中集中力偶的位移为该力偶作用截面的转角 $\varphi(x)$，利用功的互等定理得

$$-1\times\varphi(x)+\overline{F}_{RB}^{M}(x)\times 1=0$$

所以

$$\overline{F}_{RB}^{M}(x)=\varphi(x) \tag{d}$$

因为虚位移是微小的，$\varphi=\mathrm{d}y/\mathrm{d}x$，故由式(a)、(b)得

$$\overline{F}_{RB}^{M}(x)=\frac{\mathrm{d}\,\overline{F}_{RB}(x)}{\mathrm{d}x}$$

这就对本例证明了式(5.1)。

5.2 把"不可能"变为可能

在谈论这一话题之前，先来看一道关于影响线的"考研"题。

例 5.1 图 5.6 所示结构受结点荷载作用。试作支座 A 的反力和反力矩的影响线。

看到这道题，不少考生一下子被它"吓懵了"。怎样作结点荷载作用下影响线？他们记得的方法是：

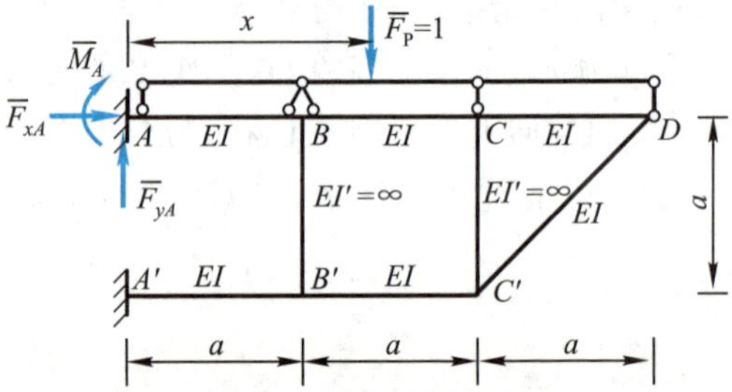

图 5.6

(1) 先作直接荷载作用下的影响线。

(2) 在该影响线上的相邻结点之间连以直线，得结点荷载作用下的影响线。

简单地说，就是"先直接，再连线"。但眼前的问题是：直接荷载作用下的影响线怎样作？这是一个 9 次超静定且不对称的结构，在考试时间的限制下，用力法求解是根本不可能的；用位移法至少要取 3 个基本未知位量(2 个未知线位移 +1 个未知转角)，还要对荷载作用于 AB、BC、CD 三段的情况分别求解，也不胜其烦！用挠度曲线比拟法，由于结构的复杂性也是行不通的……他们把头脑中的结构力学"武器库"翻了个底朝天，还是找不到合适的方法。第一步(直接)迈

不出,第二步(连线)当然无从谈起。最终,他们作出了一个痛苦的决定:放弃本题。

这道题真的很难,以至于“不可能”求解吗?请看另一部分考生是怎样想的。

他们想:“先直接再连线”,无非是把直接荷载作用下的影响线当作过河的“船”或者“桥”,前提是这个“船”或“桥”是现成的,至少是不难造的。如果既不现成又很难造,我为什么不想其他办法过河?没有桥,有几个石头行不行?其实,我并不真的需要一条完整的直接荷载作用下的影响线(桥),我需要的只是它上面的有限的几个结点的函数值(石头)而已。这些函数值好不好求呢?按照题目给出的条件,很好求!于是就有下面的解法。

解 (1)将单位荷载$\overline{F}_P=1$施加于结点A,易知此时

$$\overline{F}_{xA}=0,\quad \overline{F}_{yA}=1,\quad \overline{M}_A=0$$

(2)将单位荷载$\overline{F}_P=1$施加于结点B。因为杆BB'的抗弯刚度$EI'=\infty$,所以杆AB和$A'B'$的两端均只有侧移而没有转角,反弯点在两杆的中点;又因为杆AB和$A'B'$的抗弯刚度相等,所以两杆的剪力相等。由平衡条件可知

$$\overline{F}_{QAB}=\overline{F}_{QA'B'}=\frac{1}{2}$$

$$\overline{M}_{AB}=\overline{M}_{A'B'}=-\frac{1}{2}\times\frac{a}{2}=-\frac{a}{4}$$

$$\overline{F}_{NAB}=-\overline{F}_{NA'B'}=\frac{1}{2}$$

从而可知此时有

$$\overline{F}_{xA}=-\frac{1}{2},\quad \overline{F}_{yA}=\frac{1}{2},\quad \overline{M}_A=-\frac{a}{4}$$

(3)将单位荷载$\overline{F}_P=1$分别施加于结点C和D。同理可知这两种情况下均有

$$\overline{F}_{yA}=\frac{1}{2},\quad \overline{M}_A=-\frac{a}{4}$$

而当$\overline{F}_P=1$作用于结点C时,$\overline{F}_{xA}=-\dfrac{3}{2}$;当$\overline{F}_P=1$作用于结点$D$时,$\overline{F}_{xA}=-\dfrac{5}{2}$。

(4)根据以上分析计算的结果,确定影响线上各结点的量值,在相邻结点之间连以直线,得所求的影响线,如图5.7a、b、c所示。

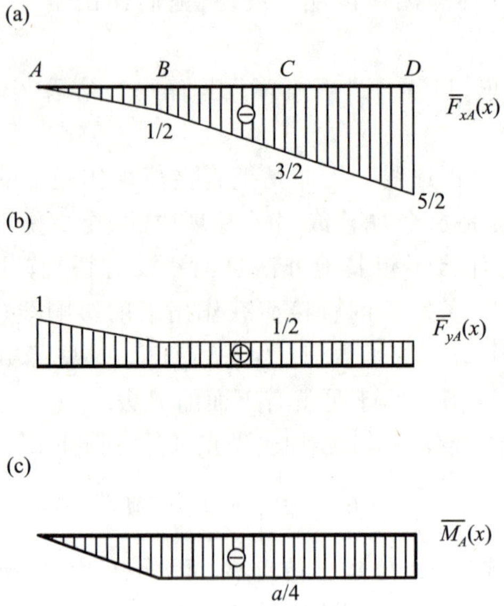

图 5.7

漂亮！按照这种解法，即使杆 AB 和 $A'B'$ 的抗弯刚度不等，也难不倒这些聪明的考生了！这些考生不是没有放弃，但他们放弃的不是整个题目，而只是某个具体的方法。对于书上讲的方法，他们不是当作教条死记硬背、刻板应用，而是真正领会和掌握了它的本质，灵活地加以运用。他们看得很清楚："先直接再连线"，本质是"先定点再连线"，至于那条直接荷载作用下的影响线，其实是可作可不作的。

本章最后一节（第 5.12 节）"形形色色的趣题（二）"中的例 5.17 与本题类似，不过难度稍有增加而已。

著名的美籍华裔"神探"李昌钰先生说，他一生破了那么多的案子，其实是只做了"一件事"，就是把"不可能"变为可能。是谦虚？还是自负？为什么在别人看来"不可能"的事情，到他的手里会变成可能？为什么他总能从被别人忽略的细节中找到令人信服的证据？这背后有着多少追求，多少积累，多少艰辛，多少智慧？这与他的聪明固然是分不开的，同时也是因为，他对他所从事的工作始终充满着热情和兴趣。

5.3 动力系数"放大"了什么？

一个具有刚度 k、质量 m 的单自由度体系，在简谐荷载 $F_P(t) = F_P\sin\theta t$ 的作用下发生受迫振动（图 5.8a），达到稳定状态以后，其相对于静力平衡位置的

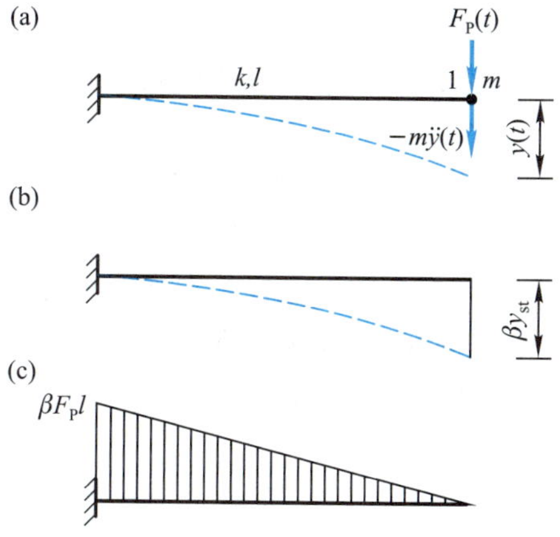

图 5.8

振动可以用

$$y(t) = \beta y_{st}\sin\theta t \tag{5.2}$$

来描述，其中 $y_{st} = F_P/k$，称为静位移，即将荷载的最大值当作静荷载施加于结构时相应的位移；β 是一个与荷载的频率 θ 及体系的固有频率 ω 有关的系数

$$\beta = \frac{1}{1 - \left(\dfrac{\theta}{\omega}\right)^2} \tag{5.3}$$

由式(5.2)可知，体系受迫振动的最大位移(振幅)为

$$y_{max} = \beta y_{st} \tag{5.4}$$

故有

$$\beta = \frac{y_{max}}{y_{st}} \tag{5.5}$$

即 β 等于最大动力位移与静位移的比值，因此 β 称为动力系数，有时也称为放大系数。它表明静位移由于动力效应被放大的倍数。其实体系的动力效应并不总是“放大”，因为对于不同的频率比 θ/ω，β 的绝对值可以大于、等于或小于 1，所谓“放大”，只是一种笼统的说法。

以上内容大家都很熟悉。动力系数“放大”了什么？显然，放大的首先是质点的位移。如果把问题限制在线弹性、小位移的范围内，则由于内力、变形与位移成比例，按同一系数被放大的还有结构的内力和变形。

以上结论是有前提的。这个前提就是：荷载作用于质点，并且其作用线与质点振动的方向一致，如图 5.8a 所示。在这个前提下，荷载的作用线与惯性力的作用线重合，并且在稳定状态下它们随时间变化的规律相同，因此它们的效应的叠加可以用荷载的效应乘以一个系数 β 来表示。这时，不仅质点的最大动力位移等于静位移乘以 β，体系内各截面的位移、内力和变形也都“放大”到了原来的 β 倍。图 5.8b、c 分别给出了荷载和惯性力共同作用下的最大动力挠度曲线和最大动力弯矩图，它们可以通过将荷载的最大值 F_P 当作静荷载作用于质点，并将相应的静挠度曲线和静弯矩图的竖标分别乘以 β 得到。

如果上述前提不成立，就是说，如果荷载不是作用在质点上（图 5.9a），或者虽然作用在质点上但其作用线与质点振动的方向不一致（图 5.10a），会发生什么情况呢？

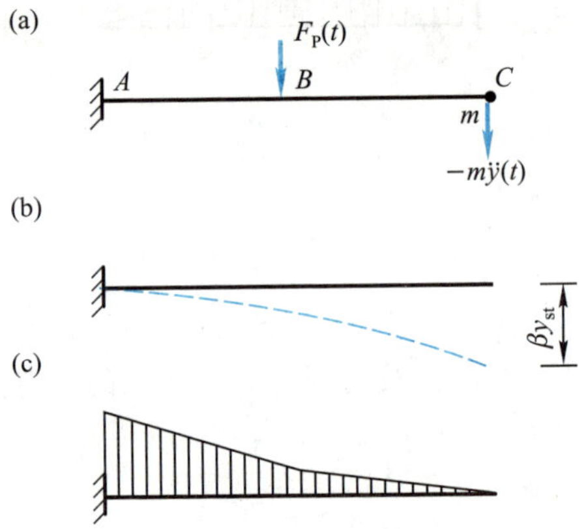

图 5.9

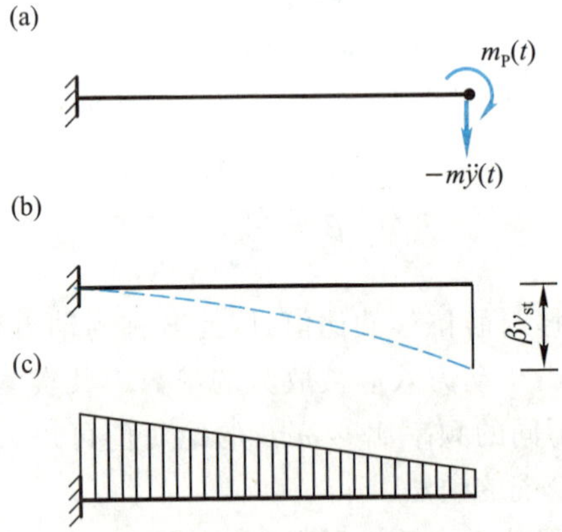

图 5.10

这两种情况用柔度法分析比较方便（用刚度法当然也行，请读者自行分析）。以图 5.9a 为例，在荷载和惯性力的共同作用下，质点的位移为

$$y(t) = -m\ddot{y}(t)\delta_{11} + F_P(t)\delta_{1P} \tag{a}$$

其中,δ_{11}和δ_{1P}分别为竖向单位荷载作用于质点和动荷载的作用点时质点的竖向位移影响系数。在稳定状态下,$y(t) = y_{max}\sin\theta t$,$\ddot{y}(t) = -\theta^2 y_{max}\sin\theta t$,$F_P(t) = F_P\sin\theta t$,代入上式解得

$$y_{max} = \frac{F_P\delta_{1P}}{1 - m\theta^2\delta_{11}}$$

但 $F_P\delta_{1P} = y_{st}$,$m\delta_{11} = 1/\omega^2$,所以上式就是

$$y_{max} = \frac{y_{st}}{1 - \theta^2/\omega^2} = \beta y_{st}$$

与式(5.4)相同。这说明,即使荷载不作用在质点上,即荷载与惯性力两者的作用线不重合,质点的最大动力位移仍然等于静位移乘以动力系数。

但是,以上结论对于体系内其他截面的位移及内力并不成立。先看位移。图 5.9a 中,当静荷载 F_P 作用于截面 B 时,挠度曲线的 AB 段是弯曲的而 BC 段为直线;而最大动挠度曲线(图 5.9b)的 BC 段却是弯曲的,它显然不能通过将前者乘以 β 得到。再看内力。当静荷载 F_P 作用于截面 B 时,BC 段不受力;而最大动力弯矩(图 5.9c)在 BC 段并不等于零,两者显然也不存在比例关系。即使是 AB 段,“动”和“静”两种状态之间也不存在简单的比例关系,例如静弯矩图为三角形而动弯矩图为梯形。

对图 5.10a,可用同样的方法分析并得出相同的结论,从略。在这一情况下,静挠度曲线的曲率和静弯矩均为常数而动挠度曲线(图 5.10b)的曲率和动弯矩(图 5.10c)的绝对值都是自左至向右线性递减。

如果荷载不是简谐荷载而是其他形式的动力荷载(例如突加荷载),也可以进行类似的分析,动力系数的定义仍然为式(5.4)或式(5.5),但式(5.3)不再适用。不管是哪一种荷载,以下结论是相同的:

(1) 动力系数是质点的最大动力位移与将荷载最大值作为静荷载施加于结构时质点的静位移的比值。换言之,动力系数“放大”的是质点的最大静位移。

(2) 当荷载作用于质点,并且其作用线与质点振动的方向一致时,体系内任何位置的内力、变形和位移的最大动力响应与相应的静力最大值的比值都相同,并且就等于动力系数。在此情况下,动力系数“放大”的是体系的整个静受力状态。

(3) 当荷载不作用于质点,或虽作用于质点但其作用线与质点振动方向不一致时,结论(2)不成立,动力系数“放大”的仅仅是质点的静位移。

5.4 论世贸大厦的倒掉

鲁迅先生写过一篇杂文,题为“论雷峰塔的倒掉”。本节的题目是作者翻造的。

2001 年 9 月 11 日,被恐怖分子劫持的两架波音 767 飞机先后撞上了美国纽约世贸大厦的北塔楼和南塔楼(彩图 4)。在分别燃烧了大约 1 h 和 1 h40 min 以后,两座高 411 m 的摩天大楼相继在现场的人群和全世界亿万电视观众面前轰然倒塌。这是震惊世界的“9·11”事件中最令人瞠目结舌的一幕。

这两座大楼是怎样倒塌的?莫非它们是“豆腐渣工程”,以至如此“不堪一击”?在回答这一问题之前,让我们先来讨论一个看似与此“风马牛不相及”的结构力学问题。

例 5.2 设有重物 $W_1=2$ kN 从 $h=0.2$ m 的高度落到梁的中点 C 处(图 5.11)。试求此冲击作用的等效静荷载。已知:梁自重 $W_2=20$ kN,跨度 $l=6$ m,截面的抗弯刚度 $EI=12.2\times10^4$ kN·m^2。

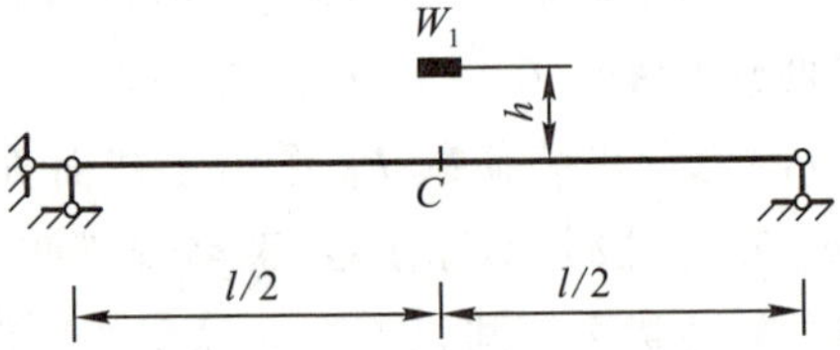

图 5.11

解 设重物落到梁上后与梁不再分离,并且将梁的重量的一半集中到中点,则梁与重物一起振动的质量为

$$m = (W_1 + W_2/2)/g \approx 1\ 224 \text{ kg}$$

另一方面,梁的柔度系数为

$$\delta = l^3/(48EI) \approx 0.37\times10^{-4} \text{ m/kN}$$

由此可求得体系的圆频率为

$$\omega = 1/\sqrt{m\delta} \approx 148.6 \text{ s}^{-1}$$

在与梁接触的瞬间,重物的速度为 $v=\sqrt{2gh}=1.98$ m/s,其所具有的动量为 vW_1/g。假定碰撞的时间很短,则碰撞后梁与重物一起振动的初始速度为

$$v_0 = vW_1/(W_1 + W_2/2) = 0.33 \text{ m/s}$$

而此时梁与重物的位置并不是静止平衡位置,初始位移为

$$y_0 = -F_{w1}\delta = -0.74 \times 10^{-4}\ \mathrm{m}$$

由初始速度和初始位移可求得相对于静止平衡位置的最大位移

$$y_{max} = \sqrt{y_0^2 + (v_0/\omega)^2} = 22.2 \times 10^{-4}\ \mathrm{m}$$

因此,冲击作用的等效静荷载为

$$F_{Pe} = y_{max}/\delta = 60\ \mathrm{kN}$$

即相当于重物自重的30倍!

现在让我们回到本节一开始提出的问题上来——纽约世贸大厦是怎样倒塌的?“9·11”以后的一段时间里,人们对此众说纷纭,莫衷一是。如今,“反恐战争”尚未有穷期,而不幸蒙难的世贸大厦则早已尘埃落定,对这一问题有了比较合乎逻辑的解释:虽然飞机的撞击乃是灾难的根源,但从导致结构彻底破坏的机理上分析十分清楚:大厦是自上而下垂直坍塌(称为“坐塌”)的,坍塌过程中自始至终并未发生明显的倾斜。

那么,大厦是怎么被压塌的,足以摧毁这两个庞然大物的巨大压力从何而来呢?

原来,压力来自大厦自身。飞机撞入大厦以后,它所携带的数十吨燃油在若干个楼层内猛烈燃烧,短时间内产生 1 000 ℃以上的高温,大厦的钢结构在高温下强度降低而软化,甚至熔化,这就无异于“掏空”了大厦的中间一两层结构。于是,大厦的上部楼体失去支撑,在重力作用下如同一个巨大的锻锤向支撑它的下部楼体猛“砸”下来。专家根据大厦废墟的重量推算,大厦 1/5 楼体的质量约为 60 000 t,而我们从上面的看似无关的例题中已经看到,从 20 cm 高处落下的物体,其冲击力可以达到自身重量的几十倍,那么,60 000 t 的物体从一层或几层楼高处下落(虽然并非完全自由的下落),用“泰山压顶”来形容其冲击力大概也不为过了! 大厦结构的安全系数是多少,笔者无从得知,估计该不会超过 10,它如何承受得了如此致命的一击呢?

在两个塔楼中,南楼受撞在后(比北楼晚约 16 min)而倒塌在前(比北楼早约半小时)。分析其原因,主要有三:第一,南楼受撞位置较低,在第 78 至 84 层之间,而北楼为第 94 至 98 层;第二,撞击北楼的飞机速度较低;第三,北楼受影响楼层的防火系统在事件发生前已经被部分更新。

显然,受撞击的位置越低,上部楼体越重,倒塌越快。如果飞机撞的是大厦顶层,估计就不会发生整幢大楼“坐塌”的严重后果了!

世贸大厦的倒塌引起了学术界的广泛关注。随着时间的推移,关于它倒塌的机理日渐明晰。例如,美国 MIT 的两位学者的研究报告认为,大厦的倒塌涉及更加复杂的过程,包括结构钢的强度和刚度因高温而下降——楼面结构首先塌落——因失去楼层的支撑以及刚度、强度下降，柱失稳——上部楼层失去支撑而“砸”向下部楼层……不管怎么说，飞机撞击只是诱因，而大厦最终是被自上而下地“压”塌或“砸”塌的，这一点已成为共识。

顺便指出，倒塌的世贸大厦绝不是“豆腐渣工程”。否则，它也许会在飞机撞击的顷刻间土崩瓦解；否则，它将不会在大火中支撑一小时甚至更长，为一些人员的逃生赢得了宝贵的时间；否则，它的倒塌将不会那样“完美”，如同一次成功的定向爆破。试想，如果110层高的楼体不是“坐塌”而是“倾倒”，它周围的建筑物和人员还不知将要遭受怎样的“池鱼之殃”呢！

5.5 动力松弛法——用动力方法求解静力问题

“用动力方法求解静力问题”，这听起来似乎有点不可理解。我们用达朗贝尔原理，引进惯性力的概念，把动力问题化成静力问题来研究，这很自然。因为一般来说，静力问题比动力问题简单；现在反其道而行之，用动力方法求解静力问题，不是把简单问题复杂化了吗?

动力问题比静力问题难，但已经掌握了就不难；静力问题容易，也不等于说一切静力问题都容易。学过动力问题后“回头望”，发现有的静力问题用动力方法求解，确实有一定的好处，比如与悬索结构有关的某些问题。

在第2.14节中，我们了解了悬索结构的以下特性：

(1) 悬索结构是几何可变的柔性结构，其形状随荷载的形式而改变。

(2) 列悬索结构的平衡方程，必须考虑它的变形。

(3) 悬索结构离不开预应力，它的刚度来源于预应力。

第2.14节中没有提到的还有一条特性是：

(4) 悬索结构的形状与预应力有关，因此有所谓“形状判定(form finding)”的问题。

由于第(1)、(2)两条性质，悬索结构的内力、变形与荷载不成比例，叠加原理不适用于悬索结构。这种与结构的柔性有关的非线性称为“几何非线性”。

与悬索结构具有相同性质的还有膜结构，它们常常被并提为“索膜结构”。由于索和膜都只能受拉，不能受弯和受压，它们在正常工作状态下都是受拉的，因此索膜结构又被称为“张拉结构(tension structures)”。

几何非线性结构的荷载(F_P)－位移(Δ)关系可以写成矩阵位移法中熟知的形式

$$\boldsymbol{F}_P = \boldsymbol{K}(\boldsymbol{\Delta})\boldsymbol{\Delta} \tag{5.6}$$

其中$\boldsymbol{K}(\boldsymbol{\Delta})$为结构的刚度矩阵。与一般(线性)结构的刚度方程不同的是，这里

的 $\boldsymbol{K}(\boldsymbol{\Delta})$ 是位移 $\boldsymbol{\Delta}$ 的函数，而在线性结构的矩阵位移法中，刚度矩阵与位移无关，它的所有元素都是常数。由于非线性，求解方程(5.6)一般需要一个反复迭代的过程，而不像线性问题那样可以一次性解决。

正是由于张拉结构的几何非线性，动力松弛法在这里找到了用武之地。动力松弛法把结构从不平衡到平衡的过程看成是一个有阻尼的、围绕着平衡位置振动的过程，这一过程是逐步衰减的，最终收敛于平衡位置。因此，追踪这一过程可以求得平衡状态下结构的内力和几何形状。本节以悬索结构为例，介绍这一方法的原理。

设 i 为结构中的一个结点。在振动过程中的某一时刻 t，结点 i 在坐标 $x_j(j=1,2,3)$ 方向上的运动方程为

$$F_{\mathrm{R}ij}^{t}=M_{ij}\ddot{u}_{ij}^{t}+c_{ij}\dot{u}_{ij}^{t} \tag{5.7}$$

其中，$F_{\mathrm{R}ij}^{t}$ 为时刻 t 作用于结点 i 的、在 x_j 方向上的不平衡力（即荷载和索力的合力）；M_{ij} 为集中于结点 i 的、在 x_j 方向上振动的质量；c_{ij} 为结点 i 在 x_j 方向上的阻尼系数；u_{ij}^{t}、$\dot{u}_{ij}^{t}$ 和 $\ddot{u}_{ij}^{t}$ 分别为时刻 t 结点 i 在 x_j 方向上的位移、速度和加速度。

设在一个较小的时间间隔内，速度是线性变化的，则 $\dot{u}_{ij}^{t}$ 和 $\ddot{u}_{ij}^{t}$ 可以分别用时刻 $t-\Delta t/2$ 和 $t+\Delta t/2$ 的速度来表示，即

$$\dot{u}_{ij}^{t}=(\dot{u}_{ij}^{t+\Delta t/2}+\dot{u}_{ij}^{t-\Delta t/2})/2,\quad \ddot{u}_{ij}^{t}=(\dot{u}_{ij}^{t+\Delta t/2}-\dot{u}_{ij}^{t-\Delta t/2})/\Delta t$$

代入式(5.7)得

$$F_{\mathrm{R}ij}^{t}=\frac{M_{ij}}{\Delta t}(\dot{u}_{ij}^{t+\Delta t/2}-\dot{u}_{ij}^{t-\Delta t/2})+\frac{c_{ij}}{2}(\dot{u}_{ij}^{t+\Delta t/2}+\dot{u}_{ij}^{t-\Delta t/2}) \tag{5.8}$$

式(5.8)称为微分方程(5.7)的差分形式。由式(5.8)可得

$$\dot{u}_{ij}^{t+\Delta t/2}=\dot{u}_{ij}^{t-\Delta t/2}\frac{M_{ij}/\Delta t-c_{ij}/2}{M_{ij}/\Delta t+c_{ij}/2}+F_{\mathrm{R}ij}^{t}\frac{1}{M_{ij}/\Delta t+c_{ij}/2} \tag{5.9}$$

利用这个公式，可以由时刻 $t-\Delta t/2$ 的速度求得时刻 $t+\Delta t/2$ 的速度，进而用下式求得时刻 $t+\Delta t$ 的位移

$$u_{ij}^{t+\Delta t}=u_{ij}^{t}+\dot{u}_{ij}^{t+\Delta t/2}\Delta t \tag{5.10}$$

式(5.9)和式(5.10)就是动力松弛法的主要公式。对于空间索网结构，采用以下假定：索网的单元均为直线，相互理想铰接；荷载均作用于结点；索单元均在弹性范围内工作，则动力松弛法的具体步骤为：

(1) 计算时刻 t 作用于各结点的不平衡力。

首先，计算相交于结点 i 的各索单元的内力，公式为

$$F_m^t = F_m^0 + (EA/l^0)_m e_m^t \tag{5.11}$$

其中，F_m^0、$(EA/l^0)_m$ 分别为单元 m 的初始内力和初始刚度；e_m^t 是该单元在时刻 t 相对于初始长度 l^0 的伸长量。

其次，计算单元 m 对结点 i 的作用力（设单元 m 的两个端点分别为 i 和 k）

$$(F_{\mathrm{R}ij}^t)_m = F_m^t[(x_{kj} + u_{kj}^t) - (x_{ij} + u_{ij}^t)]/l_m^t \tag{5.12}$$

最后，将相交于结点 i 的各索单元对结点 i 的作用力相加，再加上作用于结点 i 的荷载，就得到时刻 t 作用于结点 i 的不平衡力

$$F_{\mathrm{R}ij}^t = F_{\mathrm{P}ij} + \sum_m (F_{\mathrm{R}ij}^t)_m \tag{5.13}$$

（2）用式（5.9）计算时刻 $t+\Delta t/2$ 各结点的速度。

（3）用式（5.10）计算时刻 $t+\Delta t$ 各结点的位移。

（4）重复以上步骤，直到各结点的不平衡力都不超过容许值为止。

以上迭代过程是从时刻 $t=0$ 开始的。初始状态一般取为 $u_{ij}^0=0$、$\dot{u}_{ij}^0=0$。由于假定速度在时间间隔 Δt 内线性变化，可知 $\dot{u}_{ij}^{t+\Delta t/2} = -\dot{u}_{ij}^{t-\Delta t/2}$，代入式（5.9）得

$$\dot{u}_{ij}^{\Delta t/2} = \frac{F_{\mathrm{R}ij}^0 \Delta t}{2M_{ij}} \tag{5.9$'$}$$

这个公式在 $t=0$ 时取代式（5.9）。

用动力松弛法求解静力问题，其最后结果与体系的质量和阻尼系数无关，因此从理论上说，M_{ij} 和 c_{ij} 可以任意假定。但是质量和阻尼系数将影响体系振动的周期和收敛速度，因此从保证计算的收敛性、提高计算效率考虑，对 M_{ij}、c_{ij} 和时间间隔 Δt 需要认真选取。对此，有关文献建议，Δt 按以下公式确定

$$\Delta t < \sqrt{2M_{ij}/S_{ij}} \tag{5.14}$$

其中，S_{ij} 是结点 i 在 x_j 方向上的刚度系数；c_{ij} 取略低于临界阻尼系数的值，临界阻尼系数为

$$(c_{ij})_{\mathrm{c}} = 4\pi M_{ij} f \tag{5.15}$$

其中，f 是结构的最低自振频率。

从上述原理和步骤可知，动力松弛法是一种逐点、逐步地追踪有阻尼振动的过程，最终定位于平衡位置的方法。与非线性矩阵位移法（有限元法）相比，它不需要在每次迭代中形成结构刚度矩阵 $\boldsymbol{K}(\Delta)$ 和求解刚度方程（5.7），因此尽管迭代次数一般比非线性有限元法多，但总的计算工作量往往比有限元法少，计算速度快、占用计算机内存小，使它成为一种颇具竞争力的数值计算方法，尤其是

在张拉结构的形状判定和静力分析中占有一席之地。

5.6 稳定问题中的几何关系、物理关系和平衡关系

本书的不少读者可能都学过了弹性力学(没学过也没关系)。在弹性力学中,总是首先建立问题的几何方程、物理方程和平衡方程,称为弹性力学的基本方程;其次,在一定的边界条件下求解这些方程。结构力学是弹性力学的一个分支,它当然也要从这几个方面考虑问题,只不过对于不同的具体问题,侧重点有所不同,例如静定结构的内力计算根本无须涉及问题的几何方面和物理方面;此外,由于研究对象(杆系结构)的特点,一般结构力学教科书在处理这三个方面的关系时,提法往往不像弹性力学那样明确。

本节以弹性力学中通常采用的方式讨论结构力学中的稳定问题,意在强调结构力学与弹性力学的共性,使已学过弹性力学的读者对这两门课程间的联系获得更深的认识,未学过弹性力学的读者对弹性力学解决问题的思维方式建立一个初步的印象。

先看一个比较简单的问题。

例 5.3　图 5.12a 所示一压杆,抗弯刚度 EI = 常数。试求它的临界荷载。

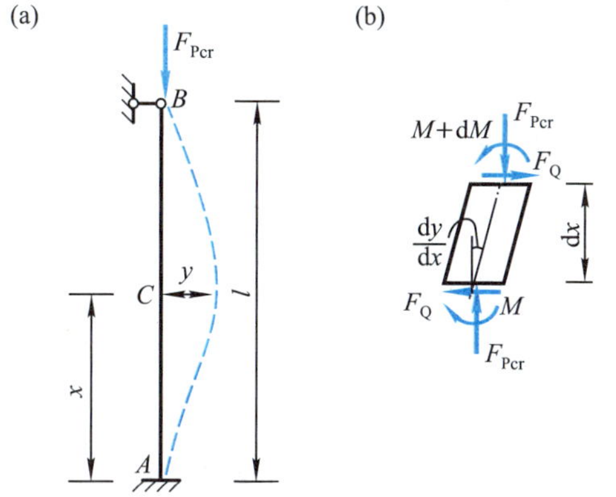

图 5.12

解　设 F_{Pcr} 为临界荷载,此时直杆发生弯曲变形,挠度曲线为 $y=y(x)$。下面从三个方面建立稳定问题的基本方程。

(1) 几何关系:在挠度 y 很小的情况下,曲率与挠度的关系近似为

$$\kappa(x) = -y''(x) \tag{a}$$

(2) 物理关系:在线弹性范围内,弯矩与曲率的关系为

$$M(x) = EI\kappa(x) \tag{b}$$

(3) 平衡关系：考虑图 5.12b 所示长度为 $\mathrm{d}x$ 的微单元的平衡，可得

$$\mathrm{d}M - F_{\mathrm{Q}}\mathrm{d}x - F_{\mathrm{Pcr}}\mathrm{d}y = 0$$

或

$$\frac{\mathrm{d}M}{\mathrm{d}x} - F_{\mathrm{Q}} - F_{\mathrm{Pcr}}\frac{\mathrm{d}y}{\mathrm{d}x} = 0 \tag{c}$$

以上从三个方面建立了基本方程，它们可以化为只包含挠度 y 的基本微分方程。将式(a)、(b)代入式(c)并且对 x 再微分一次，得

$$\frac{\mathrm{d}^4 y}{\mathrm{d}x^4} + \alpha^2\frac{\mathrm{d}^2 y}{\mathrm{d}x^2} = 0$$

其中 $\alpha^2 = F_{\mathrm{Pcr}}/EI$。这个微分方程的一般解为

$$y = C_1\sin\alpha x + C_2\cos\alpha x + C_3 x + C_4$$

由边界条件 $y_{x=0} = y'_{x=0} = 0, y_{x=l} = y''_{x=l} = 0$ 可得

$$\begin{cases} C_2 + C_4 = 0 \\ C_1\alpha + C_3 = 0 \\ C_1\sin\alpha l + C_2\cos\alpha l + C_3 l + C_4 = 0 \\ C_1\sin\alpha l + C_2\cos\alpha l = 0 \end{cases}$$

由这个齐次方程组具有非零解的条件可得如下的稳定方程

$$\tan\alpha l = \alpha l$$

最后，由稳定方程求得临界荷载 F_{Pcr}（从略），其中最小的一个是

$$F_{\mathrm{Pcr}} = \frac{\pi^2 EI}{(0.699l)^2}$$

下面讨论一个比较复杂的问题——圆拱和圆环在均匀液体压力作用下的稳定问题。对这个问题，我们只讨论其中的一部分，即如何考虑问题的三个方面，建立稳定问题的基本方程，进而建立只含一个变量的稳定微分方程，并给出其一般解的形式；略去考虑边界条件建立稳定方程和求临界荷载的部分。设拱或环的抗弯刚度 EI 为常数，并且假定：(1) 变形和位移是微小的；(2) 屈曲前后轴线长度不变。

1. 几何关系

图 5.13a 所示长度为 $\mathrm{d}s$、屈曲前半径为 R 的微段在失稳时发生位移和变

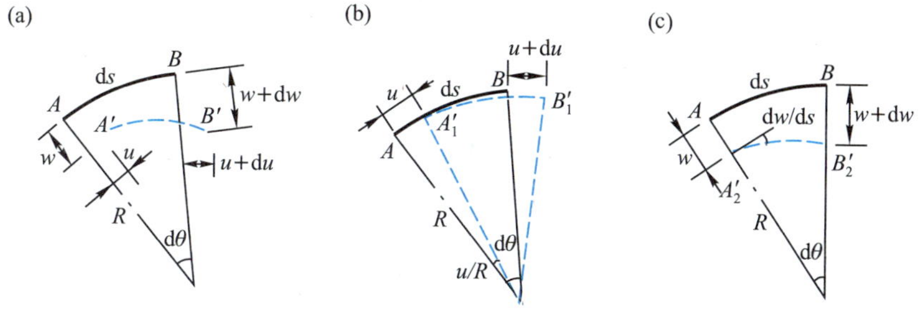

图 5.13

形,几何关系即曲率的变化与位移函数的关系。位移函数可分解为切向分量 $u=u(s)$(图 5.13b)和法向分量 $w=w(s)$(图 5.13c),但这两个分量并不是相互独立的。由图可见,微段由于切向位移和法向位移的伸长分别为 $\mathrm{d}\lambda_1=\mathrm{d}u$ 和 $\mathrm{d}\lambda_2=-w\mathrm{d}\theta=-w\mathrm{d}s/R$,因为屈曲前后轴线长度不变,所以 $\mathrm{d}\lambda_1+\mathrm{d}\lambda_2=\mathrm{d}u-w\mathrm{d}s/R=0$, 从而有

$$\frac{\mathrm{d}u}{\mathrm{d}s}=\frac{w}{R} \tag{d}$$

或

$$\frac{\mathrm{d}u}{\mathrm{d}\theta}=w \tag{e}$$

由图 5.13b、c 还可见,A 点的法线由于切向位移和法向位移的转角(以顺时针为正)分别为 u/R 和 $\mathrm{d}w/\mathrm{d}s$,总转角为 $u/R+\mathrm{d}w/\mathrm{d}s$;所以 B 点法线转角的增量(即 A、B 两点法线的相对转角)为

$$\Delta\mathrm{d}\theta=\frac{\mathrm{d}}{\mathrm{d}s}\left(\frac{u}{R}+\frac{\mathrm{d}w}{\mathrm{d}s}\right)\mathrm{d}s=\left(\frac{\mathrm{d}u}{R\mathrm{d}s}+\frac{\mathrm{d}^2w}{\mathrm{d}s^2}\right)\mathrm{d}s$$

将式(d)代入得

$$\Delta\mathrm{d}\theta=\left(\frac{w}{R^2}+\frac{\mathrm{d}^2w}{\mathrm{d}s^2}\right)\mathrm{d}s=\left(\frac{w}{R^2}+\frac{\mathrm{d}^2w}{R^2\mathrm{d}\theta^2}\right)\mathrm{d}s \tag{f}$$

因此,微段曲率的增量为

$$\kappa=\frac{\Delta\mathrm{d}\theta}{\mathrm{d}s}=\frac{1}{R^2}\left(w+\frac{\mathrm{d}^2w}{\mathrm{d}\theta^2}\right) \tag{g}$$

根据小变形假定,有

$$\kappa = \frac{1}{R+\Delta R} - \frac{1}{R} = \frac{-\Delta R}{R(R+\Delta R)} \approx \frac{-\Delta R}{R^2}$$

故得曲率半径的增量为

$$\Delta R = -\left(w + \frac{\mathrm{d}^2 w}{\mathrm{d}\theta^2}\right) \tag{h}$$

2. 物理关系

弯矩与曲率增量的关系为

$$M = -EI\kappa \tag{i}$$

负号是因为弯矩以微段内侧（下侧）受拉为正，从而正弯矩使微段的曲率变小。

3. 平衡方程

图 5.14a 和 b 分别表示微段 ds 失稳前后的受力状态。失稳前，微段只有轴力，$F_{\mathrm{N0}} = -qR$；失稳后，微段的轴力发生变化并产生弯矩和剪力。由图 5.14b 中微段的平衡条件得

$$\left.\begin{aligned} \frac{\mathrm{d}F_{\mathrm{N}}}{\mathrm{d}s} &= \frac{F_{\mathrm{Q}}}{R+\Delta R} \\ \frac{\mathrm{d}F_{\mathrm{Q}}}{\mathrm{d}s} &= -\frac{F_{\mathrm{N}}}{R+\Delta R} - q \\ \frac{\mathrm{d}M}{\mathrm{d}s} &= F_{\mathrm{Q}} \end{aligned}\right\} \tag{j}$$

其中，$F_{\mathrm{N}} = F_{\mathrm{N0}} + \Delta F_{\mathrm{N}} = -qR + \Delta F_{\mathrm{N}}$，$\Delta F_{\mathrm{N}}$ 为失稳后新增的轴力；$\mathrm{d}s = (R+\Delta R)\mathrm{d}\theta \approx R\mathrm{d}\theta$。利用这些关系将式(j)简化，最后利用消元法可得

$$\frac{\mathrm{d}^3 M}{\mathrm{d}\theta^3} + \frac{\mathrm{d}M}{\mathrm{d}\theta} + qR\frac{\mathrm{d}(\Delta R)}{\mathrm{d}\theta} = 0 \tag{k}$$

4. 微分方程及其一般解

将几何关系式(g)和(h)、物理关系式(i)代入平衡方程式(k)得

$$\frac{\mathrm{d}^5 w}{\mathrm{d}\theta^5} + \frac{\mathrm{d}^3 w}{\mathrm{d}\theta^3} + \left(1 + \frac{qR^3}{EI}\right)\left(\frac{\mathrm{d}^3 w}{\mathrm{d}\theta^3} + \frac{\mathrm{d}w}{\mathrm{d}\theta}\right) = 0 \tag{l}$$

这就是关于法向位移 w 的稳定微分方程，其一般解为

$$w = C_1 + C_2\sin\theta + C_3\cos\theta + C_4\sin\beta\theta + C_5\cos\beta\theta \tag{m}$$

其中，$\beta = \sqrt{1 + \dfrac{qR^3}{EI}}$。

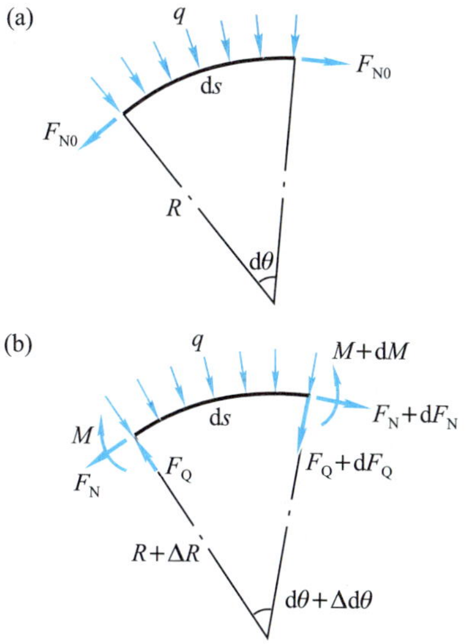

图 5.14

利用式(e)和(m)还可得到切向位移 u 和弯矩 M 的一般解为

$$u = C_0 + C_1\theta - C_2\cos\theta + C_3\sin\theta - \frac{C_4}{\beta}\cos\beta\theta + \frac{C_5}{\beta}\sin\beta\theta \tag{n}$$

$$M = -\frac{EI}{R^2}\left[C_1 + C_4(1-\beta^2)\sin\beta\theta + C_5(1-\beta^2)\cos\beta\theta\right] \tag{o}$$

从以上关于稳定问题的两个例子可见,在结构力学中,一般也要考虑问题的几何、物理和平衡三个方面。与弹性力学不同的是,在弹性力学中,这三个方面的关系分别是位移 - 应变关系、应力 - 应变关系和外力 - 应力关系;而在结构力学中,它们分别表现为位移 - 变形关系(例如挠度 - 曲率关系)、内力 - 变形关系(例如弯矩 - 曲率关系)和外力 - 内力关系(荷载 - 内力关系,内力之间的关系)。养成从这三个方面考虑问题的习惯,有助于使我们的思路条理化,从纷繁复杂的公式中获得清晰的概念,理解其内在的逻辑:这也是一种乐趣吧!

5.7 “施压求稳”?

我们曾在第 4.7 节中给读者介绍过德国斯图加特的一座桥,现在要介绍的是同一城市里的一个塔(彩图 5)。它矗立于斯图加特 Killesberg 公园一个山丘的顶部,游人登临四顾,公园及其周围的景色尽收眼底。塔高 41 m,远远称不上宏伟；然而它造型独特，体态轻盈，它所体现的建筑与结构的结合堪称完美，它所包含的力学道理更值得从事结构力学的人们探究和玩味。

塔的结构部分由钢管立柱、索网、承压环和钢平台组成(图 5.15a)。

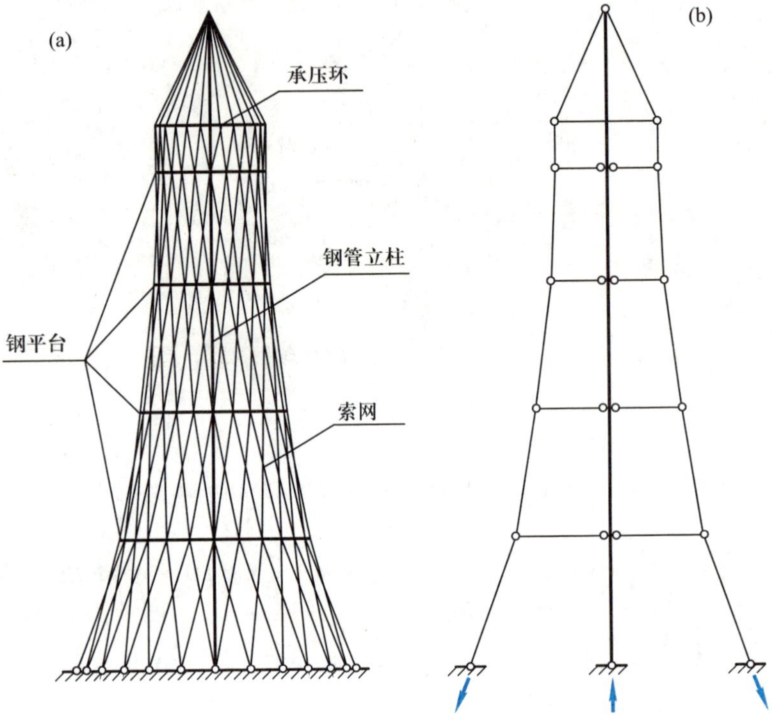

图 5.15

——钢管立柱是整个结构的轴心，下端与基础铰接。

——索网以立柱为轴，以抗压环为分界，上部 24 根索汇聚于柱顶，形成一个圆锥面；下部 48 根索相互交叉成菱形网眼，形成一个旋转双曲面。索的下端锚固于地基。

——钢平台共有 4 层，每层平台均由环形钢板、环向和径向的交叉梁系构成，外环梁支承于索网结点，内部通过 6 根相互成 60° 角的径向主梁与立柱相连。

——承压环固定在索网上，与立柱无连接。

此外，每两层平台之间及一层平台与地面之间均有两组螺旋形楼梯，楼梯的两端分别与上下层平台或地面相连，楼梯梁外侧与索网相连。它们只是结构的附属部分，在分析结构主体时可以暂时撇开它们不谈。

这个塔是一个比较复杂的空间结构，但是为了简化它的受力分析，可以将它简化为平面结构,如图 5.15b 所示,其中每层平台简化为两根杆件,与索和立柱铰接,承压环简化为一根杆件,与立柱无连接。

稍加分析不难发现,图 5.15b 所示的体系的计算自由度 $W=0$,其中存在图示的自应力状态,因此是一个几何可变体系。实际上,如果没有预应力,这个结构是根本站不住脚的。

我们要着重讨论的是结构的稳定性问题。在这个结构中,钢管无疑是最重要的受力构件,是“顶梁柱”和“主心骨”,但它那纤细的外表使人不禁为它担心,更何况环绕在它周围的 48 根钢索都在“使劲”往下拉,使它从一开始就处于受压状态。如果说,为了使这个几何不变体系成为结构,预应力是必要的话,那么,从立柱的稳定性考虑,这种预应力是有利还是不利呢?

为了便于讨论,我们先来看一个比较简单的问题。图 5.16a 所示的组合结构,其中压杆 AB 除受到轴向压力荷载 F_P 作用之外,还受到来自 4 根预应力拉索的作用,每根拉索的拉力为 F_T。拉索显然增加了压杆的负担,它们对压杆的稳定到底是有利还是不利呢?

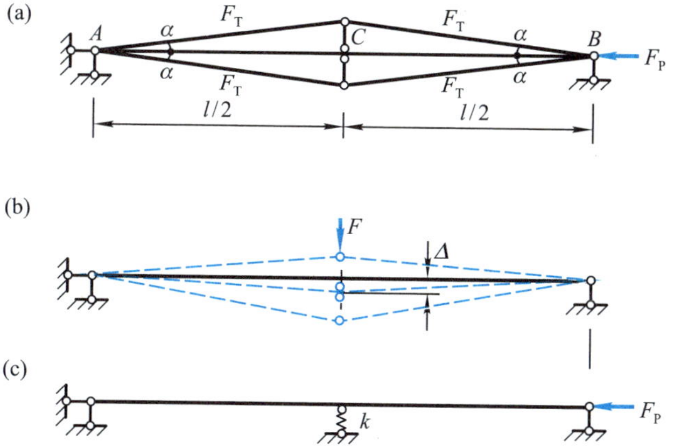

图 5.16

设索与杆的夹角 α 很小,并且索的张力不因杆的弯曲变形而改变。在压杆的中点给压杆施加侧向集中力 F,使压杆产生挠度 Δ,如图 5.16b 所示,如果忽略压杆本身的抗弯刚度,则仿照第 1.7 节中的讨论可知

$$\frac{F}{\Delta}=\frac{4F_T}{l} \tag{a}$$

这就是索张力给压杆提供的附加侧向刚度。因此,图 5.16a 可以用图 5.16c 来代替,其中弹簧的刚度 $k=4F_T/l$。

从上面的讨论可知,张拉索的作用相当于给压杆提供了一个弹性支座。这个弹性支座减小了压杆的计算长度,从而提高了它的失稳临界荷载。根据文献

[18],临界荷载与弹性支座刚度的关系为

$$F_{\mathrm{Pcr}}=\begin{cases}\dfrac{\pi^2 EI}{l^2}, & k=0\\ \dfrac{4\pi^2 EI}{l^2}, & k\geqslant \dfrac{16\pi^2 EI}{l^3}\end{cases} \tag{b}$$

当 $0<k<\dfrac{16\pi^2 EI}{l^3}$时,$\dfrac{\pi^2 EI}{l^2}<F_{\mathrm{Pcr}}<\dfrac{4\pi^2 EI}{l^2}$,并且 F_{Pcr}和 k 的关系基本上是线性的。

压杆的失稳形式与弹性支座刚度的关系是:

当 $k\leqslant\dfrac{16\pi^2 EI}{l^3}$,失稳形式如图 5.17a 所示,与 $k=0$(简支杆)的失稳形式相同;

当 $k\geqslant\dfrac{16\pi^2 EI}{l^3}$,失稳形式如图 5.17b 所示,与 $k=\infty$(连续杆)的失稳形式相同。

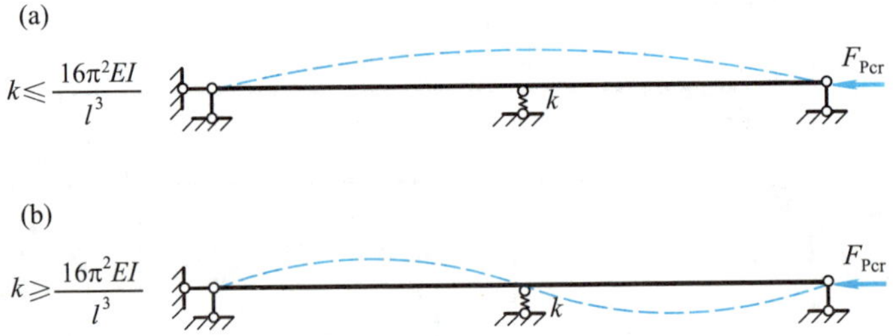

图 5.17

无论是临界荷载还是失稳形式,当 $k\geqslant\dfrac{16\pi^2 EI}{l^3}$时,这个弹性支承杆的情况都与计算长度为 $l/2$ 的两跨连续杆(中间支座 $k=\infty$)相同了。这再次阐明了 4.10 节中关于“无穷大是多大”的观点。

回到斯图加特的观景塔上来。现在我们清楚了:原来塔上的 4 个钢平台,除了供游人伫立观光,把他们的竖向荷载传递给立柱和索网之外,还担负着更重要的作用,它们和索网一起,给细长的钢管立柱提供了 4 个弹性支座,从而保证了立柱的稳定性。它们不仅具有建筑所要求的功能,同时也是结构的重要组成部分。

失稳缘于受压,施压意在求稳,这就是辩证法。应该指出,预应力是一把“双刃剑”,它在以提供弹性支座的方式提高压杆临界荷载的同时,也使压杆预先承受了额外的压力,从而抵消了因预应力而增加的部分承载能力。因此,预应力的施加有一个“度”的问题:这是需要在设计中认真考虑的。

5.8 极限荷载与抗弯刚度有什么关系?

求结构的极限荷载的问题，一般都是只给出荷载、结构的几何尺寸和各截面的极限弯矩 M_u，而并不涉及各截面的抗弯刚度 EI。下面的例题就是如此。

例 5.4 图 5.18a 所示梁的极限弯矩 M_u = 常数，试求它的极限荷载。

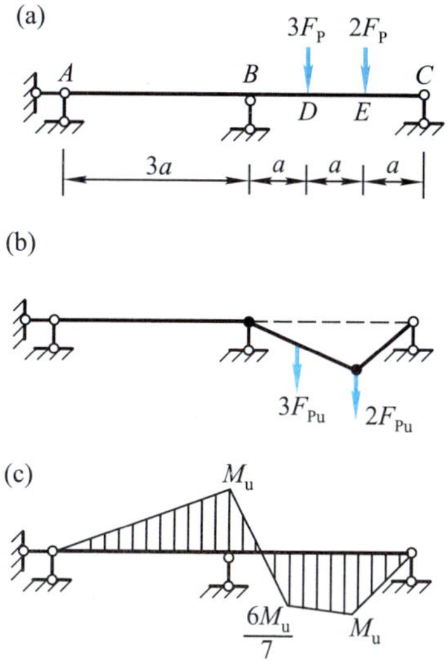

图 5.18

解 这道题十分简单。无论用静力法还是虚功法，都很容易求得它的极限荷载

$$F_{Pu}=\frac{4M_u}{7a} \tag{a}$$

相应的破坏机构和弯矩图分别如图 5.18b、c 所示。在计算过程中，我们根本用不到、也不去关心梁的抗弯刚度等于多少，因为这个问题与抗弯刚度没有关系。

但是，如果用增量变刚度法来求解，问题就似乎与抗弯刚度有点关系了，因为在结构变为静定以前，每一步都需要计算结构的刚度矩阵。题目的条件中并没有给出各截面的 EI 值，甚至连它们的相对值都没有提到，那么既然极限弯矩 M_u = 常数，我们就假定 EI 也是常数，虽然这个假定的根据并不充分，因为极限弯矩与抗弯刚度之间并没有确定的关系，极限弯矩相等的两个截面，抗弯刚度未必相等。

在 EI = 常数的前提下，容易求得弹性阶段结束时的荷载为

$$F_{P1} = F_{Py} = \frac{54M_u}{103a} \tag{b}$$

相应的弯矩图如图 5.19a 所示；第一个塑性铰出现在截面 E，梁成为静定的，如图 5.19b 所示。

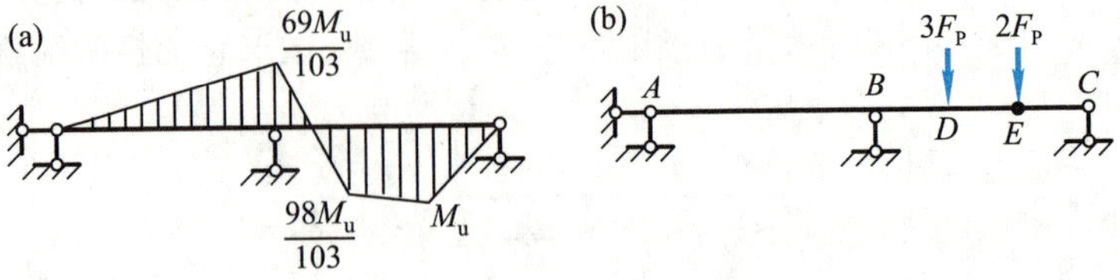

图 5.19

对图 5.19b 所示的静定梁继续加载直到破坏，按增量变刚度法求得这一阶段的荷载增量

$$\Delta F_{P2} = \frac{34M_u}{721a} \tag{c}$$

极限荷载为

$$F_{Pu} = F_{P1} + \Delta F_{P2} = \frac{4M_u}{7a} \tag{d}$$

与式(a)相同；第二个塑性铰出现在截面 B，形成与图 5.18b 相同的破坏机构。

我们也可以假定 AB 跨 $EI=\infty$ 而 BC 跨的 EI 为有限值。在此前提下，弹性阶段结束时的荷载

$$F_{P1} = F_{Py} = \frac{9M_u}{23a} \tag{e}$$

相应的弯矩图如图 5.20a 所示；第一个塑性铰出现在截面 B，如图 5.20b 所示。

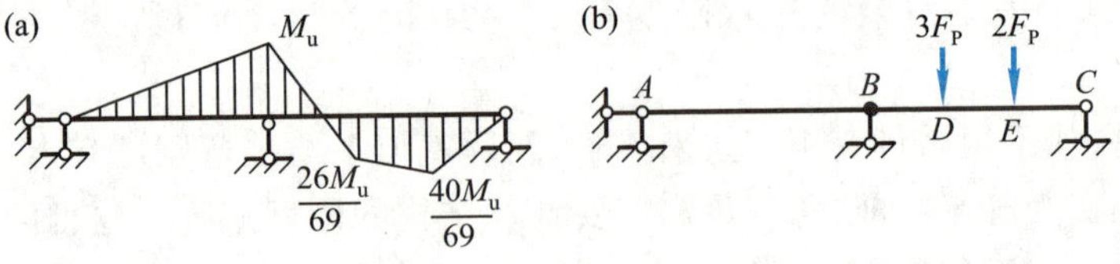

图 5.20

对图 5.20b 所示的静定梁继续加载直到极限状态，按增量变刚度法求得荷载增量

$$\Delta F_{P2} = \frac{29M_u}{161a} \tag{f}$$

极限荷载与式(a)相同;第二个塑性铰出现在截面 E,相应的破坏机构与图 5.18b 相同。

以上例子说明,用增量变刚度法求极限荷载,对结构各部分的抗弯刚度可以任意假定;结构各部分抗弯刚度的相对值不同,将影响计算过程中各阶段荷载的增量以及塑性铰出现的次序,但不影响极限荷载的计算结果和最终的破坏机构。这是符合极限荷载的唯一性定理的。

根据以上性质,用增量变刚度法求极限荷载时,我们可以从方便计算的目的出发,自由地设定结构各部分的抗弯刚度值,甚至可以在不同的计算阶段设定不同的相对刚度。

下面补充一个例子。

例 5.5 试求图 5.21a 所示刚架的极限荷载。

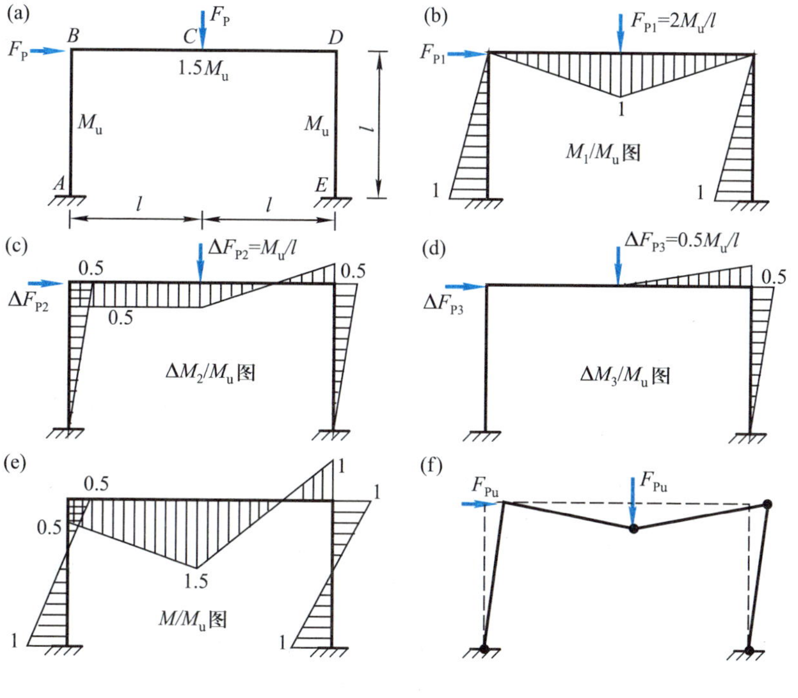

图 5.21

解 (1) 弹性阶段

设结点 B、D 的刚度为 0(也就是设这两个结点为铰结点),求得弹性阶段结束时的荷载

$$F_{P1}=F_{Py}=\frac{2M_u}{l} \tag{a}$$

第一、二个塑性铰同时出现在柱底截面 A 和 E，相应的弯矩图如图 5.21b 所示。

(2) 两个塑性铰阶段

将支座 A 和 E 改为固定铰支座，继续加载，直到出现新的塑性铰。在这一阶段，将结点 B、D 恢复为刚结点，设两柱的 EI 相等且为有限值而横梁的 $EI=\infty$，荷载增量为

$$\Delta F_{P2}=\frac{M_u}{l} \tag{b}$$

第三个塑性铰出现在截面 C，相应的弯矩图如图 5.21c 所示。

(3) 三个塑性铰阶段

将截面 C 的刚性联结改为铰，继续加载，直到破坏。这一阶段刚架已变为静定，无须再关心抗弯刚度问题，荷载增量为

$$\Delta F_{P3}=\frac{0.5M_u}{l} \tag{c}$$

第四个塑性铰出现在截面 D，刚架已成为机构。相应的弯矩图如图 5.21d 所示。

(4) 极限状态

将式(a)、(b)、(c)的各增量相加，得极限荷载

$$F_{Pu}=\frac{3.5M_u}{l} \tag{d}$$

极限状态下的弯矩图和破坏机构分别如图 5.21e、f 所示。

以上我们在不同阶段假定了不同的相对刚度，计算相对简单。如果自始至终假定两柱的 EI 相等且为有限值而横梁的 $EI=\infty$，计算也比较简单，塑性铰出现的次序为 C、D、A 和 E，详细计算参阅文献[4]。如果自始至终假定各杆的 EI 均为有限值，计算将麻烦得多。

增量变刚度法主要是一种电算方法，简单的情况下也可以用于手算。手算时就总要想方设法使计算简单一些，以上的讨论基本上都是以手算为背景的。如果用计算机来进行，就不必去动这么多脑筋了！

5.9 飘忽的塑性铰

讲到增量变刚度法，书上总要指出：运用这一方法有一个前提，就是在加载过程中，已经形成的塑性铰不因反向变形而恢复其弹性作用。当这一前提不成

立时,必须对算法进行修改。

有人对这一点很不理解。他们说:“怎会有这等事?加载→塑性铰形成→再加载→塑性铰消失?这不有点像玩魔术了?你倒举个例子,玩一玩给我看看!”

其实,举个例子并不难。在举例之前,首先指出一点,那就是:在结构进入弹塑性阶段以后,我们习以为常的线性思维方式就要变一变了;这时,结构的内力、变形不再与荷载成比例,也不一定随着荷载的增加而增加,有时甚至会随着荷载的增加而减小。

请看前面举过的例 5.4 中假定 EI = 常数的情况(图 5.19)。在弹性阶段,截面 D 的弯矩为正(梁的下侧受拉),当第一个塑性铰在截面 E 形成时,M_D 差点也达到了极限值,等于 $98M_u/103$(图 5.19a)。当荷载继续增加时,由于截面 E 形成了塑性铰,梁已变成了静定梁(图 5.19b),荷载的增量在 AB 段和 BE 段引起的弯矩增量均为负,从而使得截面 D 的弯矩变小。这种情形一直持续到最后,在极限状态下,截面 D 的弯矩 $M_D = 6M_u/7$(图 5.18c),比 $98M_u/103$ 减小了大约 10%。这种情况,就是书上所说的“反向变形”。如果这种情况发生在已经形成塑性铰的截面,就会使得塑性铰恢复弹性作用,或者说,塑性铰消失了。

仍以例 5.4 为例。我们已经采用两种假定分别进行了计算:

(1) EI = 常数(图 5.19)。

(2) AB 段 $EI=\infty$,BC 段 EI 为有限值(图 5.20)。

下面我们采用与(2)相反的假定,即:AB 段 EI 为有限值,BC 段 $EI=\infty$,看看会发生什么情况。

1. 弹性阶段

由于 AB 段相对于 BC 段的刚度为零,BC 段相当于简支梁。容易求得弹性阶段结束时的荷载

$$F_{P1} = F_{Py} = \frac{3M_u}{8a} \tag{a}$$

相应的弯矩 M_1 如图 5.22a 所示;第一个塑性铰出现在截面 D,图 5.22b。这个塑性铰显然是出现在了一个“错误的地点”,因为我们已经知道,在最终的破坏机构(图 5.18c)中,这里并没有塑性铰。这就注定了截面 D 出现的这个塑性铰只是临时“客串”一下而已。

2. 一个塑性铰(D)阶段

图 5.22b 所示是一个静定梁。本阶段的荷载增量为

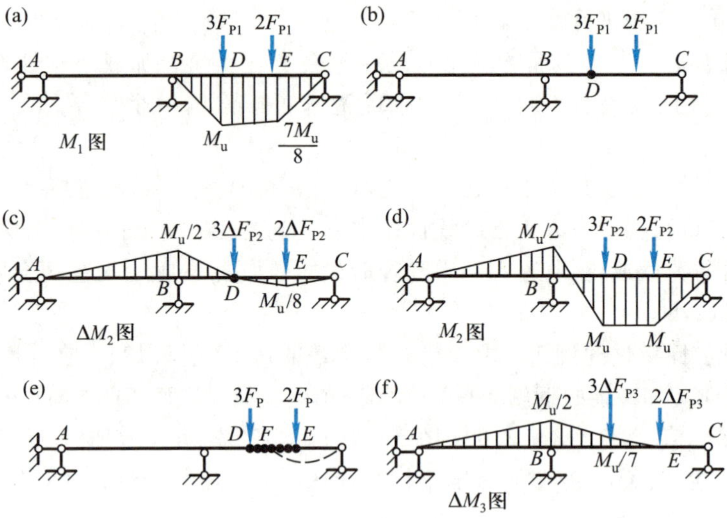

图 5.22

$$\Delta F_{P2} = \frac{M_u}{8a} \tag{b}$$

增量弯矩 ΔM_2 及累积弯矩 $M_2 = M_1 + \Delta M_2$ 分别如图 5.22c、d 所示。由图 5.22d 可见，DE 段的弯矩全部达到了极限值，该段的任何一个截面都形成了塑性铰，如图 5.22e 所示。

3. 反向变形

虽然图 5.22e 所示的状态中，梁的 DE 段形成了一连串的塑性铰，但这并不是一个破坏机构，也并不代表极限状态。这些塑性铰所受的都是正弯矩，因此图中虚线所示的机构运动是不可能的（F 为 DE 段的任一截面，其两侧截面的相对转动与极限弯矩方向相反）。荷载稍有增加，DE 段除截面 E 外的塑性铰都将因反向变形而消失。因为这些塑性铰稍纵即逝，我们很难将反向变形称为一个“阶段”。

4. 一个塑性铰（E）阶段

反向变形后，图 5.22d 中只在截面 E 还有一个塑性铰。对这个静定梁继续加载直到截面 B 出现第二个塑性铰，荷载增量为

$$\Delta F_{P3} = \frac{M_u}{14a} \tag{c}$$

增量弯矩 ΔM_3 如图 5.22f 所示。

5. 极限状态

将式(a)、(b)、(c)的各增量相加，得极限荷载

$$F_{Pu} = \frac{4M_u}{7a} \tag{d}$$

与本例采用关于抗弯刚度的其他假定的计算结果相同；将图 5.22d、f 中的两个弯矩图相加，得极限状态下的弯矩图，与图 5.18c 相同。

以上分析说明，在用增量变刚度法求极限荷载的计算过程中，塑性铰飘忽不定，甚至“神出鬼没”，并不是什么罕见的现象，这一点无论是手算还是电算都要加以注意。

5.10 电脑 VS 人脑

物换星移，日新月异，人类社会已经进入了 21 世纪。回顾刚刚过去的 20 世纪，科学技术的发展和进步之快令人难以置信，其中对我们的生活影响最深、最广的成就，恐怕非计算机莫属。

计算机的应用催生了一批崭新的学科，也使不少古老学科焕发了青春。结构力学这门古老的课程也因它的应用而从 20 世纪中期开始经历了巨大的变化。在“电脑”的强大计算功能面前，人的计算能力黯然失色，不少风行一时的手算方法和技巧成为雕虫小技而被抛弃。有了“电脑”，人们不再惧怕大型方程组的求解和成千上万次的运算，敢于采用更精确的计算模型去分析一度被认为是“不可能”的问题……。

计算机的应用也给我们带来了某些前进中的问题，其中之一就是对“电脑”的盲目崇拜和过度依赖。在享受电脑带来的方便，使用“傻瓜”这、“傻瓜”那的同时，一些人变“懒”了，变“笨”了——电脑能够解决一切问题，还要我们动什么脑筋呢？他们从不怀疑电脑算出来的结果也可能有错；不知道任何电脑软件都有一定的适用范围；离开了电脑，就无所措手足……他们几乎忘记了一个根本的事实，那就是：电脑是人制造出来，靠人去操作的，程序也都是人给它编的，离开了人，电脑不过是一堆没有生命的物质而已。

本节就是要在承认电脑能力的前提下，在结构力学课程内容的范围内，看看与“人脑”相比，它有什么不足之处；在电脑面前，人脑可以有什么作为。

说一句不恭的话：从某种意义上说，电脑其实是挺“笨”的。

以几何组成分析为例。电脑解决问题的思路是将这一问题转化为在给定约束条件下求解体系结点位移的问题，如果位移只有零解，说明体系几何不变；否则几何可变。应该说，这一方法是解决几何组成分析问题的根本方法，实际上，所谓基本规则就是通过分析位移的可能性而建立起来的。文献[11]以这一方法为核心编制了几何组成分析的程序，利用该程序可以对任何平面杆系的几何组成分析问题，包括不能应用基本规则分析的问题，得出明确的结论。从这一点上说,电脑确实够聪明的,当然这点聪明也是人“教”给它的。

但是,不管多么简单的体系,哪怕是一根简支梁,一个三铰拱,或者一个刚片上加了一两个二元体,我们一望而知几何不变,电脑也要求你先按一定的程式给它输入数据,一个都不能少;然后它才能按固定的程序去计算,最后告诉你是否几何不变。这么一比,它不是有点笨么?

再比如,在你用自己的头脑完成了对图 1.7a 所示体系的几何组成分析之后,我把结点 S 往下移动一点,问你是否几何不变,你一定会很快回答说还是几何不变;把 S 往下再移一点,再问;再移,再问……三问两问你就恼了,说:“你当我弱智啊?干脆告诉你吧,只要 S 不在 PO 的延长线上,它就都是几何不变的!”电脑不会恼,只要你自己不怕麻烦,一次又一次地给它输入数据,它都会不厌其烦地给你算出来;它算一千次一万次也不会知道“可变”与“不变”的界限在哪里,说不出像你那样聪明的话来。它更不会知道,其实问题并不在于 P、O、S 是否共线,而在于 P、S 是否在同一高度,因此,图 1.7e 所示的体系是几何可变的,而图 1.7f 所示体系则是几何不变的。

由上面的例子可见,电脑只会逐个分析和解决具体问题,而不像“人脑”那样会综合、归纳和提炼,会举一反三,针对一类问题得出带有规律性的、概念清晰的结论。这是“电脑”的明显缺陷之一。

电脑对什么问题都要求数字化。像第 4.10 节中“无穷大是多大”那样的问题,它恐怕就难以回答,因为你要是按照图 4.25 给 AB 杆、CD 杆和 BC 杆的线刚度分别输入“i_1、i_1、ki_1”,它肯定不干。i_1 等于多少? k 又等于多少?它非得知道这些才能开始计算,当然最后也得不出

$$M_{AB}=\frac{F_{P}h}{4}\left(1+\frac{1}{1+6k}\right),\quad M_{BA}=\frac{F_{P}h}{4}\left(1-\frac{1}{1+6k}\right)$$

这样的计算结果,而只是给出两个数字。而要回答“k 等于多大就可以认为是无穷大”这样的问题,两个数字是不够的,一两次计算也是不够的,必须经过一系列的计算,最后以图表的形式才或许对你所要的结论有所帮助。

总之,与人脑相比,电脑的最大缺陷是它只会定量计算而缺乏定性分析能力,它的“笨”也正在于此。电脑的运算速度是人脑望尘莫及的,但为什么迄今为止最先进的国际象棋软件与人也只能打个平手?与电脑交过手的国际象棋大师评价说:电脑缺乏“大局观”。“大局观”大概是很难数字化的。至于中国的围棋,至今也没有听说有什么能与当今高手对阵的软件问世,恐怕不仅是因为围棋有 19×19 个点而国际象棋只有 10×10 个格子这种数量上的差别;与国际象棋相比,大局观对围棋来说更为重要,这才是主要原因。对一个结构而言,所谓“大局观”包括以下问题:这个结构是怎么传递荷载的?它的各部分的相互关系

如何？哪些是主要构件，哪些是次要构件？它的最大的内力或应力可能出现在哪里？哪里是它的最需要关注的地方或最薄弱、最危险的地方？这个结构是否合理？如何改进？等等。对于这些问题，电脑是难以一下子回答清楚的，它只能给人提供参考数据，供决策时参考：而这，大概就是人与电脑之间应有的、正确的关系。

电脑的缺陷和对电脑过度依赖造成的问题已经引起越来越多有识之士的警觉和重视。在对结构力学的课程体系和教学内容进行的改革中，一方面，充分吸收结构力学的最新研究成果，发挥计算机方法的优势，删除一部分不合时宜的传统内容；另一方面，强调基本原理、基本概念和定性判断能力的重要性，“定性结构力学”、“概念结构力学”应运而生。摆脱了重复、繁琐的运算的人，有更多的时间去思考、去创造，完全有理由变得更加聪明而不是相反。说到底，电脑是人的工具而不是主宰，人是电脑的主人而不是它的附庸。

5.11 形形色色的趣题(一)

在本书的最后两节，我们来讨论一些具有一定趣味性，需要一点灵活性的问题。这些问题有的有一定难度，有的则一点也不难，因此，我们将它们称为“趣题”而不是“难题”。

例 5.6 试作图 5.23a 所示组合结构中受弯杆件的弯矩图。

本题的支座反力很容易求，如图 5.23a 所示。脱离地基以后，它就是第 2.8 节中讨论过的“别样的另类”三铰式结构，并且比那里讨论过的例子更“另类”。如果铰 E 和 F 在同一水平线上，则本题利用对称性很容易求解，可惜情况并不是这样。

不过，万变不离其宗。只要认清了它的组成方式，然后“依乎天理，批大郤，道大窾，因其固然”，就不难将它解得干干净净；根据第 2.7、2.8 两节的经验，并不需要求解联立方程。

解 (1) 取杆 GH 为隔离体(图 5.23b)。将支座 A、B 的反力分别沿 AE、BF 平移到 E 和 F(这将引起 AE 和 BF 轴力的变化但不会改变它们的弯矩，参考第 2.11 节中关于“移花接木”的讨论)，则折杆 EAG、FBH 对 GH 的作用相当于图 5.23a 中虚线所示的直杆，$EG /\!/ CH$ 而 FH 和 GD 相交于 O 点。EG、CH 垂直于 GD。将 F_{NFH} 和 F_{NGD} 求合力再在 O 点向 GD 直线以及与之垂直的两个方向分解，由平衡条件可知沿 GD 方向的分量 $F_{Os}=0$。

(2) 取折杆 JDF 为隔离体(图 5.23c)。根据上面的结论及图示几何关系，利用平衡条件 $\sum M_J=0$，可得 F_{NFH} 和 F_{NGD} 的合力在垂直于 GD 方向的分量 $F_{Ot}=$

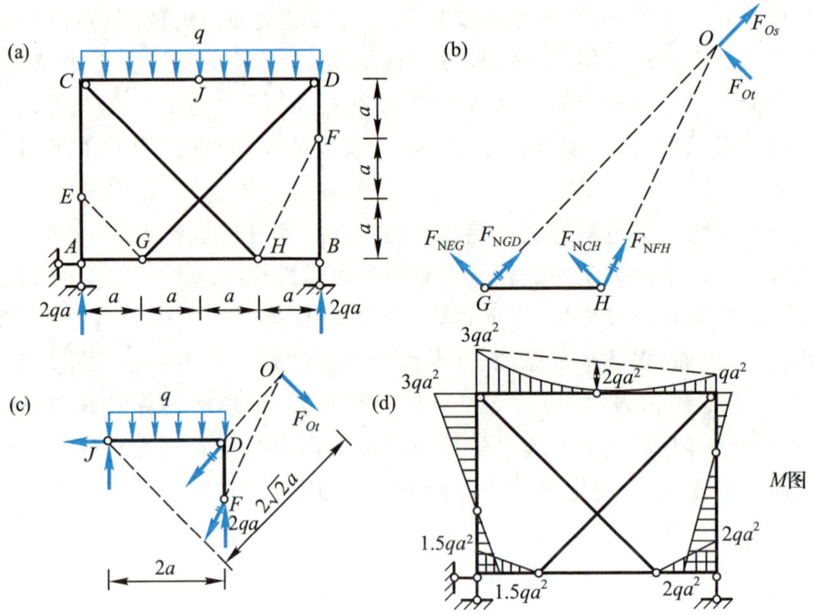

图 5.23

$\frac{\sqrt{2}}{2}qa$,进而求得 $F_{NFH}=\sqrt{5}qa$,其在水平方向的分量 $F_{xFH}=qa$。

(3) 一旦求得了 F_{NFH},作弯矩图的问题便迎刃而解了:首先,求出结点 D 的弯矩;其次,反用叠加法(第 2.4 节)求出结点 C 的弯矩。弯矩图如图 5.23d 所示。

例 5.7 组合结构如图 2.37a 所示。试不求 DE 杆的轴力,直接作梁式杆 ACB 的弯矩图。

本题在第 2.13 节例 2.20 中曾经讨论过,一般是在求出支座反力后,取一半结构为隔离体,先求 F_{NDE}。下面是它的别解。

解 杆 ACB 的弯矩图与图 5.24a 所示的简支梁的弯矩图相同,其中的两个集中力 F_1、F_2 是杆 FD、GE 对杆 ACB 的作用。从图 2.37a 可见,杆 AD、BE 与水平线夹角相等,因此 $F_1=F_2$。

简支梁在荷载作用下的弯矩图如图 5.24b 所示;在 F_1、F_2($F_1=F_2$)作用下的弯矩图如图 5.24c 所示,其中的竖距 x 待定。将这两个弯矩图叠加起来,就是杆 ACB 的弯矩图,它应该满足 $M_C=0$ 的条件,因此 $x=qa^2$。杆 ACB 的弯矩图如图 5.24d 所示。

例 5.8 图 5.25a 所示结构,在不受荷载时,B 点梁底与 B'点梁顶之间有间隙 $\Delta=ql^4/EI$。试作结构在图示均布荷载作用下的弯矩图。

解 设 B 点梁底与 B'点梁顶在荷载作用下发生接触,接触力为 X_1,得图

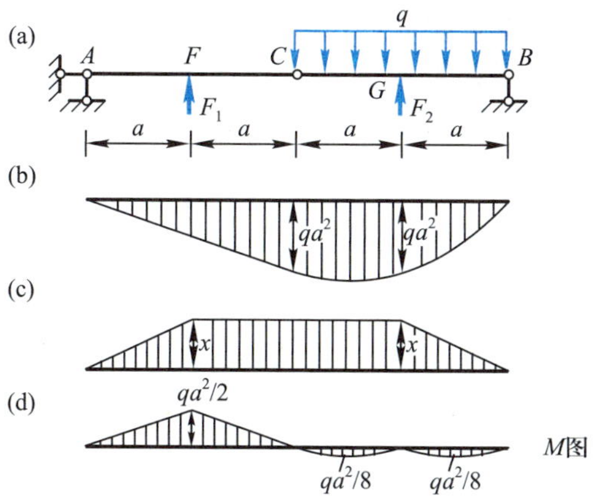

图 5.24

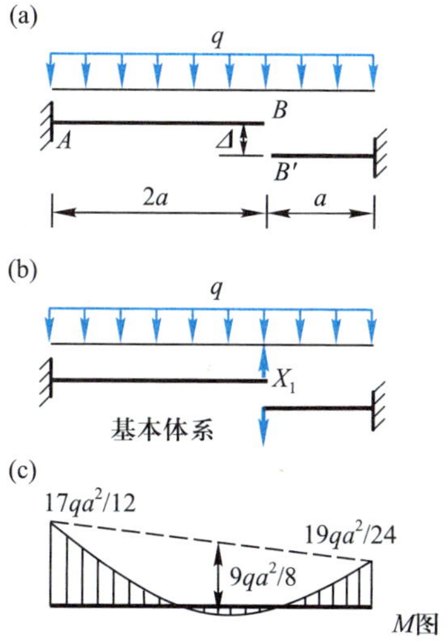

图 5.25

5.25b 所示的力法基本体系,力法方程为

$$\delta_{11} X_1 + \Delta_{1P} = -\Delta$$

用图乘法易求(过程从略)

$$\delta_{11} = \frac{3a^3}{EI}, \quad \Delta_{1P} = -\frac{15qa^4}{8EI}$$

于是得

$$X_1 = \frac{7qa}{24}$$

$X_1>0$,说明两段梁的端部确实发生了接触。最后弯矩图如图 5.25c 所示。

如果 $X_1\leqslant 0$,说明并没有发生接触,两段悬臂梁各自独立受力,弯矩图从略。

例 5.9(单项选择题) 图 5.26 所示桁架,各杆的 EA 值均为有限值。在荷载作用下,杆 BC 是(　　)。

A. 拉杆

B. 压杆

C. 零杆

D. 无法判断(与各杆 EA 的相对值有关)

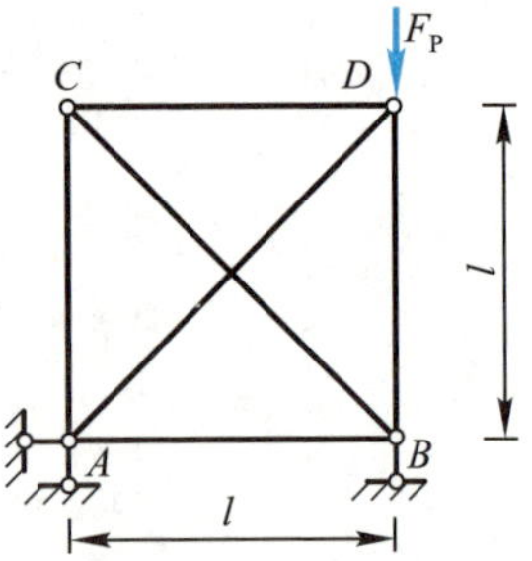

图 5.26

解 对这道选择题,除非万不得已,不必费事去作定量计算;实际上,这个桁架是超静定的而题中并没有给出各杆 EA 的相对值,所以也无法定量计算。可以作如下的定性判断:

切断 BC 杆,并在断口处施加多余力 X_1(假定为拉力)。这个力法基本体系在荷载作用下只有杆 BD 受压,其余杆为零杆;而在单位多余力作用下 BD 杆也是压杆,所以力法方程中的自由项 Δ_{1P} 大于零。而系数 δ_{11} 必定大于零,所以 $X_1=-\Delta_{1P}/\delta_{11}<0$,杆 BC 是压杆,答案应选 B。

本题是一个无法定量计算但却可以定性判断的例子。有相当多的学生选 D,因为他们记住了"超静定结构在荷载作用下的内力与各部分刚度的相对值有关",把"无法计算"等同于"无法判断"了,这是不正确的。还有部分学生选 C,认为在图示荷载作用下 BD 杆受压,其余杆件均为零杆可以满足平衡条件,却忘记了或没有注意到这是一个超静定桁架,满足平衡条件的解不一定是真实解。

本题还有其他的解法。例如,在图 5.26 中,如果撤除 CD 杆,容易判断结点 C 没有位移而 D 点将向右下方发生位移,从而判断 CD 杆受拉,BC 杆受压。

例 5.10 用力法计算图 5.27a 所示刚架,并作它的弯矩图。设各杆 $EI=$ 常数。

这是一个 4 次超静定刚架,如果不利用结构的对称性,计算相当麻烦。利用对称性,可以采用以下两类基本体系:

(1) 基本结构对称,如图 5.27b 所示。

(2) 基本结构"准对称"(参见第 4.6 节),如图 5.27c 所示。

图 5.27b 所示的基本结构虽然是对称的,但 4 个多余未知力都既不对称也不反对称,如果简单地以它们作为基本未知量,仍然要求解四元联立方程组。为了达到降低力法方程组的阶数的目的,必须利用广义未知力的概念,将图 5.27b 所示的基本体系转化为图 5.27d,其中 X_1、X_3 是对称的广义多余未知力,X_2、X_4 是反对称的广义多余未知力。具体的求解留给读者去完成。

图 5.27c 所示的基本结构虽然不对称,但它与 X_1、X_3 相应的弯矩图是对称

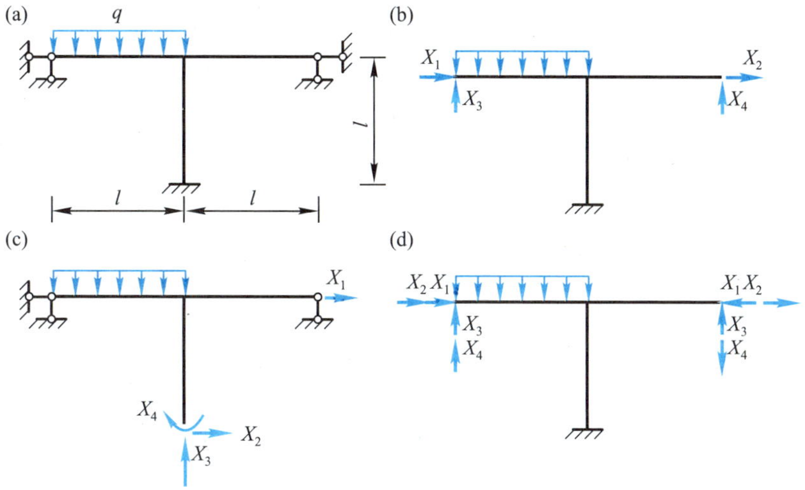

图 5.27

的(与 X_1 相应的弯矩为零),与 X_2、X_4 相应的弯矩图是反对称的,不用广义未知力的概念就可以收到降阶之效。有人对这个基本体系不假思索地予以拒绝,是因为他们对“对称的基本体系”理解过于刻板,所以只能接受图 5.27b 那样的体系。

解 取图 5.27c 所示的基本体系。根据上面的分析,力法方程分为两组,即

$$\begin{cases}\delta_{22}X_2+\delta_{24}X_4+\Delta_{2P}=0\\ \delta_{42}X_2+\delta_{44}X_4+\Delta_{4P}=0\end{cases}$$

和

$$\delta_{33}X_3+\Delta_{3P}=0$$

基本体系在荷载和单位多余力作用下的弯矩图分别见图 5.28a、b、c、d。系数和自由项的计算及方程的求解从略,求得的三个多余未知力为

$$X_2=3ql/40,\quad X_3=5ql/8,\quad X_4=-ql^2/40$$

最后弯矩图如图 5.28e 所示。

讨论 由于忽略轴向变形,本题中的多余未知力 X_1 无法确定,也无需确定。从这个意义上也可以说,本题的刚架为 3 次超静定。这种轴力不定的情况是相当普遍的,只要结构中存在两端的轴向位移都受到约束并且忽略轴向变形的直杆,该杆的轴力就是不定的,例如常见的两端固定梁和一端固定一端滑支的梁都属于这种情况。

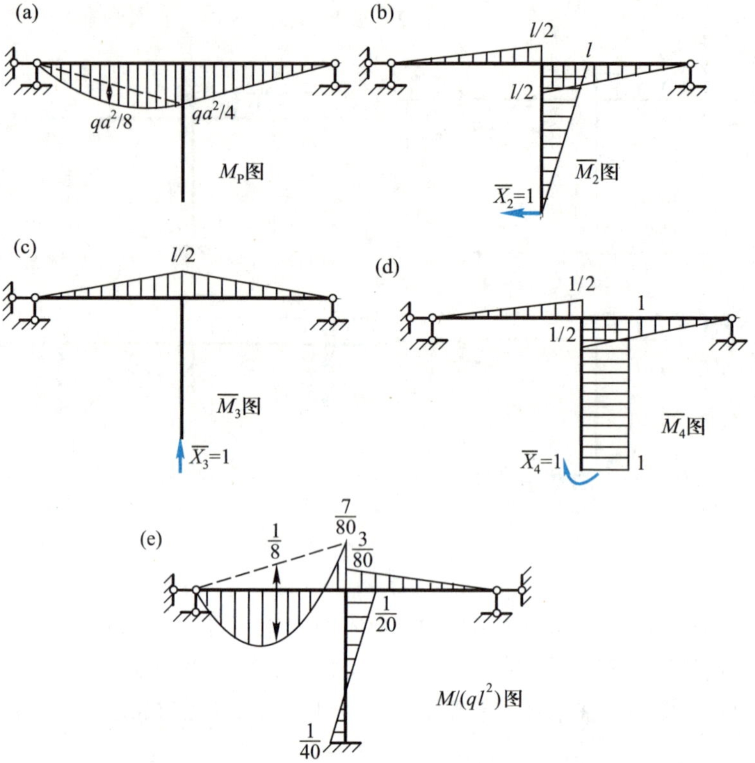

图 5.28

例 5.11　试作图 5.29a 所示结构的弯矩图。EI = 常数。

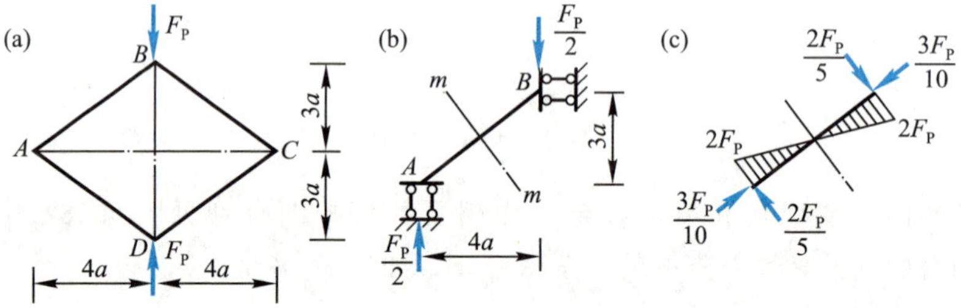

图 5.29

解　这是一个三次超静定的刚架,但有两条对称轴。利用对称性可以将它化为静定问题。

取结构的 1/4 即杆 AB 进行分析。由于荷载关于两条对称轴都是对称的,故 A、B 两结点处均为滑动支座,如图 5.29b 所示,其中 A 处的竖向反力 $F_P/2$ 很容易由平衡条件确定;由平衡条件还可以确定 B 处的水平反力等于零。

图 5.29b 所示的单杆 AB 有一根对称轴 $m-m$。将截面 A 处的竖向反力和

截面 B 处的竖向荷载向 AB 杆的轴线方向及与之垂直的方向分解,可知这两处的轴向力和切向力分别是对称和反对称的,因此 AB 杆的弯矩图是反对称的,如图 5.29c 所示。利用对称性不难作出整个结构的弯矩图,略。

不利用 AB 杆的对称性也可以作出它的弯矩图。我们从一开始就可以作出如下的定性判断:(1) 各杆的弯矩图均为直线;(2) 各结点均无转角,因此各杆的弯矩完全是由杆端相对侧移(弦转角)引起;(3) 各杆的弯矩图均通过杆件的中点。这样,只要求出一个杆件的剪力就可以作出弯矩图了,而这个剪力是很容易求得的。

上述判断(3)还可以利用判断(1)、结构整体弯矩图的对称性以及公式 $\oint \frac{M}{EI}ds = 0$ 得出,请回顾第 4.4 节。

5.12 形形色色的趣题(二)

例 5.12(是非题) 图 5.30a 所示刚架,在任意竖向荷载作用下,其支座 B 处的弯矩恒等于零。

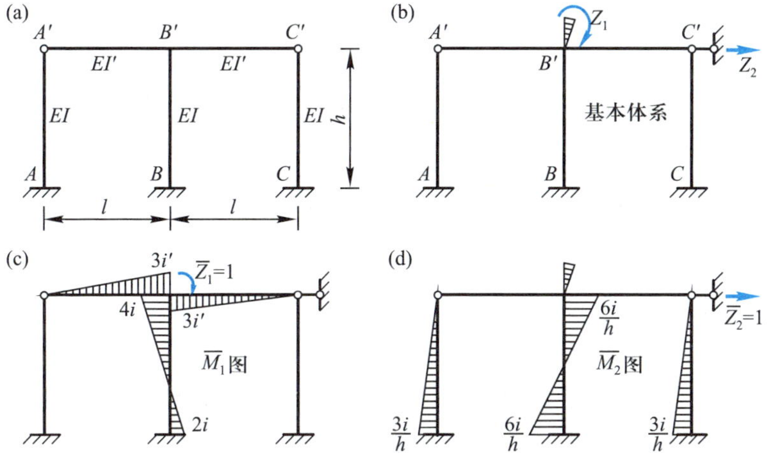

图 5.30

解 “是”,还是“非”? 这并不是一个容易回答的问题。

你可能会这样想:这是一个对称刚架,如果荷载对称,支座 B 处的弯矩一定为零;如果荷载反对称,则支座 B 处的弯矩一定不为零。一般竖向荷载总可以分解为对称竖向荷载和反对称竖向荷载,因此,在任意竖向荷载作用下,支座 B 处的弯矩不会“恒等于零”。于是得出结论:“非”!

但本题的正确答案偏偏是“是”。那么,上面的分析错在哪里呢?

问题就出在“如果荷载反对称，则支座 B 处的弯矩一定不为零”这一似是而非的命题上。确实，对于对称结构，荷载反对称，则内力一定反对称；特别是，对于偶数跨刚架的轴线与对称轴重合的那根杆件，其对称内力即轴力一定为零。但是，对称的轴力“一定为零”，不等于说反对称的弯矩“一定不为零”；杆件受弯，它的弯矩也不一定处处不为零。就本题而言，柱 BB' 在一般竖向荷载作用下可能会受弯，但在它上面也可能存在某个弯矩为零的截面（反弯点），这个截面会不会就是 B，而且不管竖向荷载如何，始终都是 B 呢？要回答这个问题，不作一定的计算，光凭想象恐怕是不够的。下面我们用位移法来分析这个问题，但也不需要计算得十分彻底。

取图 5.30b 所示的位移法基本体系。显然，在任意竖向荷载下，附加链杆中的反力为零。因此基本方程中相应于 Z_2 的那一个是

$$r_{12}Z_1 + r_{22}Z_2 = 0 \tag{a}$$

作 $\overline{M}_1$ 图、$\overline{M}_2$ 图，如图 5.30c、d 所示，其中 $i = EI/h, i' = EI'/l$。易得

$$r_{12} = -6i/h, \quad r_{22} = 18i/h^2$$

代入式(a)得

$$Z_1 = 3Z_2/h$$

在任意竖向荷载下，基本体系支座 B 的弯矩均为零，因此原结构中支座 B 的弯矩为

$$M_B = Z_1\overline{M}_{1B} + Z_2\overline{M}_{2B} = 3\frac{Z_2}{h}\times 2i + Z_2\times\left(-\frac{6i}{h}\right) = 0$$

说明答案应选“是”。

本题给出的刚架是一个对称结构，这在某种程度上恰恰成了一个导向错误结论的“陷阱”。其实，本题的结论与横梁的长度和抗弯刚度无关，即使两根横梁的长度和/或抗弯刚度不等，结构不对称，答案仍然是“是”。

例 5.13 图 5.31a 所示刚架，外围杆件构成一个边长为 6 m 的正三角形，内部杆件相交于正三角形的中心 O。试作其弯矩图。

本题结构为 9 次超静定，即使利用对称性，用力法求解也十分麻烦。用位移法并利用对称性，只有一个未知转角。用力矩分配法最为方便。下面就用力矩分配法求解。

解 取半结构如图 5.31b 所示，图中的线刚度 $i = EI/(6\ \text{m})$。结点 A 各杆端的分配系数分别为 $\mu_{AB} = 2/6, \mu_{AO} = 3/6$ 和 $\mu_{AD} = 1/6$；荷载作用下的固端弯矩为 $M^F_{AB} = -30\ \text{kN}\cdot\text{m}, M^F_{BA} = 30\ \text{kN}\cdot\text{m}$，经过分配和传递，得各杆的杆端弯矩，最

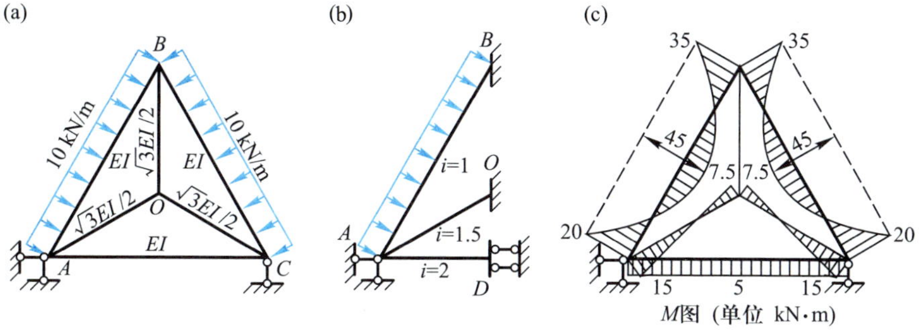

图 5.31

后弯矩图如图 5.31c 所示。

本题撤除支座以后有 3 条对称轴,这有一定的“诱惑力”。但其中两根倾斜的对称轴对于简化计算没有什么意义,试图取“三分之一结构”只会使问题复杂化、走入歧路甚至死胡同。

例 5.14(单项选择题) 图 5.32a 所示梁,支座弯矩绝对值之比 $|M_A|:|M_B|=$(　　)。

A. 9∶1　　B. 9∶3　　C. 9∶5　　D. 9∶7

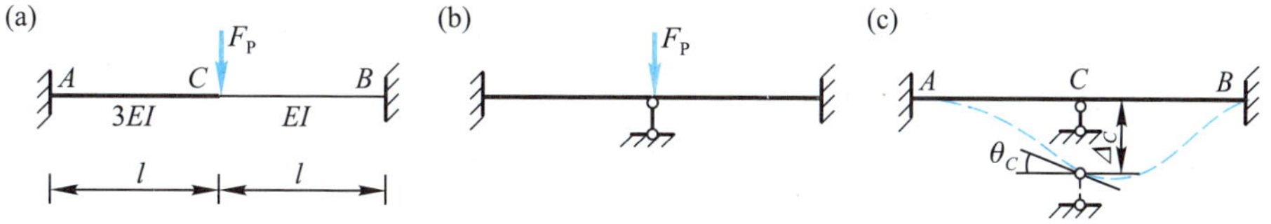

图 5.32

很多选择题都可以凭感觉或“直觉”猜对,当然这种感觉或“直觉”必须建立在对有关原理和概念的正确理解和熟练掌握的基础之上。但对本题如果用“猜”的方法,风险恐怕比较大,因为很容易会猜结果为 B 或 A,而这两个答案都是错误的。

解 在荷载作用下,结点 C 将会发生转角和竖向位移。梁的弯矩由两部分叠加而成:

(1) 相应于荷载的弯矩(图 5.32b)。因为荷载作用于结点,这部分弯矩为零。

(2) 相应于结点位移的弯矩(图 5.32c)。首先限制结点 C 的转角,使结点 C 发生竖向位移;然后松开结点 C 的转动约束,进行分配和传递。由于问题只需要回答关于弯矩比例的问题,分配和传递时也只要处理相对值,见表 5.1。

表 5.1

	AC	CA	CB	BC
固端弯矩	-3	-3	1	1
分配和传递	3/4	3/2	1/2	1/4
弯矩最后值	-9/4	-3/2	3/2	5/4

从表 5.1 的计算结果可知，$|M_A|:|M_B|=9:5$，正确答案应该是 C。

从表 5.1 还可以看出，固端弯矩的绝对值、分配弯矩和传递弯矩确实都与杆件的抗弯刚度成正比，最后结果两个支座弯矩的绝对值之所以不与抗弯刚度成比例，是由于固端弯矩符号不同。尽管如此，在两段梁跨度相等、结点 C 受集中荷载作用的情况下，无论两段梁的抗弯刚度的相对值是多少，都不会出现“抗弯刚度大的梁端反力矩反而小”这样一种“反常”的情况（读者试自行证明）。但换一种荷载就未必是这样，例如，设结点 C 受集中力偶作用，当 $i_{AC}:i_{CB}=3$，则 $|M_A|:|M_B|=3:7$。

例 5.15（单项选择题） 图 5.33a、b、c 所示同一对称刚架受集中力偶作用的三种不同情况。下列关于横梁水平位移方向的判断中正确的是（　　）。

A. 图 5.33a、b、c 方向相同

B. 图 5.33a、b 方向相同且与图 5.33c 方向相反

C. 图 5.33a、c 方向相同且与图 5.33b 方向相反

D. 图 5.33b、c 方向相同且与图 5.33a 方向相反

（提示：图 5.33d 所示梁的固端弯矩 $M_{AB}=\dfrac{M}{2}\left[1-3\left(\dfrac{b}{l}\right)^2\right]$。）

解 对本题的答案乱猜同样容易出错，但也用不着进行定量计算。可按如下思路作定性判断：首先，取一个静定的基本结构，作单位荷载作用下的弯矩图，如图 5.33e 所示。由图可见，只要知道刚架的左柱受弯的情况，就可以判断横梁水平位移的方向了。定性地作出三种情况下左半个刚架的弯矩图，分别如图 5.33f、g、h 所示。由这三个弯矩图显然可见，正确的判断为 B。

上面作图 5.33g 时用到提示所给的固端弯矩。图 5.33d 中，当 $b=l/3$ 时，$M_{AB}>0$，所以图 5.33g 中当结点 C 固定时有 $M_{CO}>0$，松开结点 C 以后，结点 C 逆时针转动，M_{CO} 的值将有所减小但仍大于 0。

本题揭示了一个有趣的现象：当刚架在横梁的中点受顺时针力偶作用时，它的偏移方向是向左而不是向右；将这个力偶一分为二，并且将它们的作用点对称地分别向左向右移动，则刚架的偏移将逐渐减小到 0 而方向不变，然后偏移逐渐增大且方向变为向右。偏移方向的转折点（即偏移为零时）相当于图 5.33d 中 $b=l/\sqrt{3}$ 或将图 5.33b 中两个力偶的作用点的距离改为 $2l/\sqrt{3}$ 的情况。

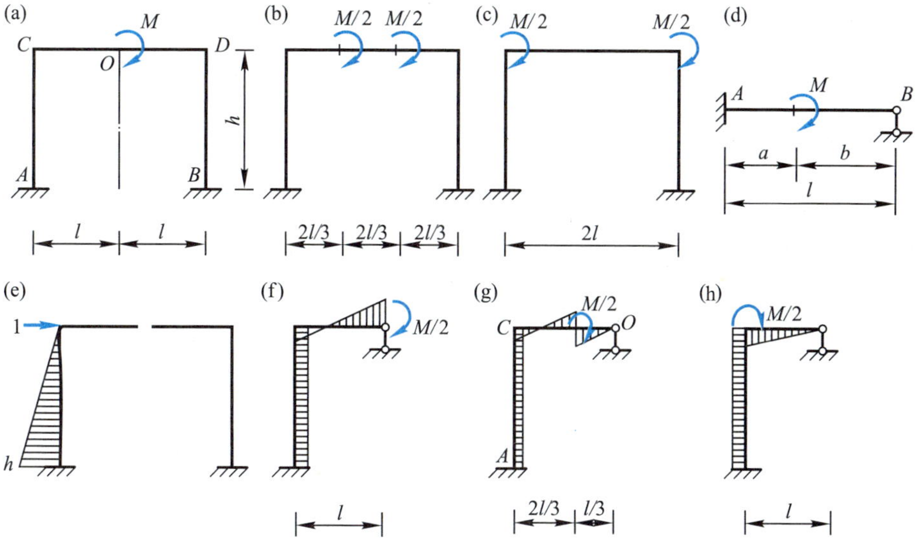

图 5.33

例 5.16(填空题) 图 5.34a 所示两跨连续梁的 $EI=$ 常数,已知其反力 F_{RA} 的影响线如图 5.34b 所示,则 M_C 的影响线在截面 C、D 处的纵标分别是________和________。

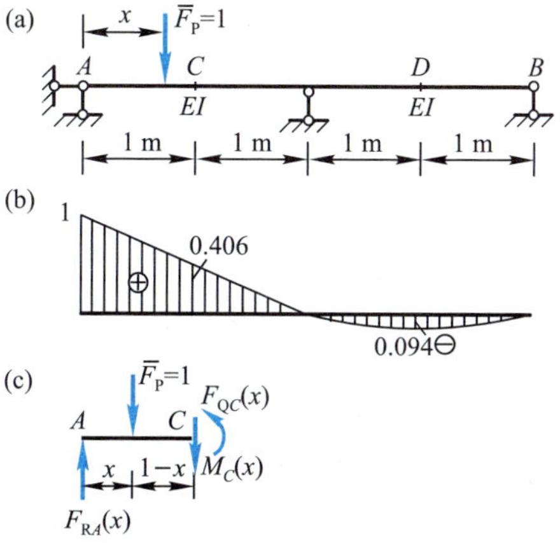

图 5.34

解 本题的答案是 0.406 m 和 −0.094 m,与 F_{RA} 的影响线在截面 C、D 处的纵标数值相同。答案过于简单,使一些人不敢相信这是真的。确实,太容易得到的东西,难免使人联想到“陷阱”之类而有所警觉,就像三国演义里的司马懿,面对诸葛亮的空城不敢贸然进兵,最终“委而去之”一样。于是,我们在第 2.1 节中见过的“做对了不相信自己对”的一幕再度上演。

怎样才能做到既不“轻信”,又不“多疑”？唯一的途径还是在于平时的学习、思考和实践,积累经验,树立自信。俗话说得好:艺高人胆大。

本题无非涉及以下两个知识点:(1) 影响线的概念;(2) 隔离体平衡法。平时养成了良好的解题习惯的人,很容易作出以下的分析(这一分析超出了题目的要求,但一点不难):

在图 5.34a 中建立所示的坐标系。如果 $x<1$ m,即单位荷载作用于 AC 段,取 AC 为隔离体(图 5.34c),可得

$$M_C(x) = F_{RA}(x) \times 1 - 1 \times (1 - x) = F_{RA}(x) + (x - 1)$$

而如果 $x \geqslant 1$ m,即单位荷载作用于 CB 段包括截面 C,仍取 AC 为隔离体,此时图 5.34c 中的单位荷载应该移去,则得

$$M_C(x) = F_{RA}(x) \times 1 = F_{RA}(x)$$

可见,在本题的条件下,M_C 的影响线在 CB 段与 F_{RA} 的影响线是完全相同的(但量纲和单位不同)。题中要求填空的截面 C、D 都属于这一段,所以 M_C 影响线的纵标与 F_{RA} 影响线的纵标相同是毫不奇怪的。

如果你的结论是建立在这样的基础之上,那还有什么好怀疑的呢?

本题的结论之所以简单,是因为 AC 段的长度正好等于 1 m 而且待求 M_C 影响线纵标的截面都不在 AC 段上。如果不是这样,问题的难度就会变得稍微大些,而答题之后的怀疑也许就会小些。(如果要求 AC 段上某截面弯矩影响线的纵标,则还必须补充该截面 F_{RA} 影响线的纵标。)

例 5.17 图 5.35a 所示结构受结点荷载作用,试作支座反力 F_{RA}(以向上为正)和反力偶 M_A 的影响线。

本题与第 5.2 节“把‘不可能’变为可能”中的例 5.1 类似,不过难度稍有增加。

解 (1) 将单位荷载 $\overline{F}_P=1$ 施加于结点 A,易知此时

$$\overline{F}_{RA} = 1, \quad \overline{M}_A = 0$$

(2) 将单位荷载 $\overline{F}_P=1$ 施加于结点 C 并且对 DD' 的侧移加以约束。容易作出此情况下的弯矩图并求出支座 A 和附加约束中的反力,如图 5.35b 所示。其次,将附加约束中的反力反向加于结点 D' 并注意两根梁的抗弯刚度不等,作出相应的弯矩图并求出支座 A 的反力,如图 5.35c 所示。由这两个弯矩图叠加的

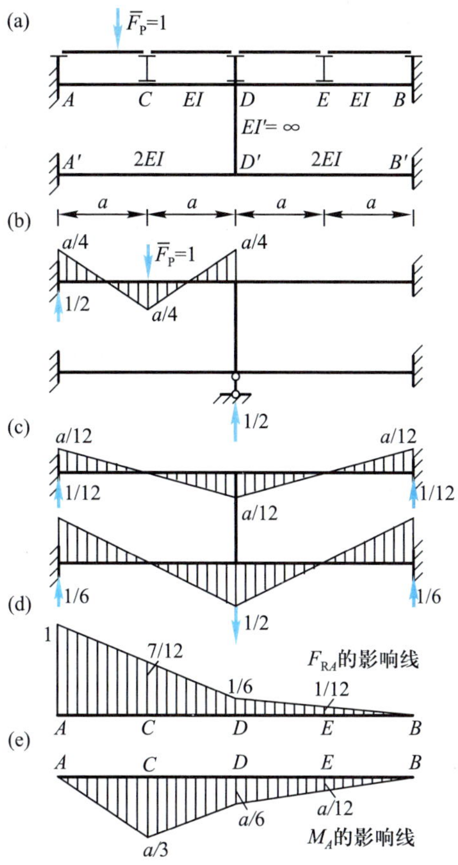

图 5.35

结果得$\overline{F}_P=1$作用于结点 C 时

$$\overline{F}_{RA}=\frac{1}{2}+\frac{1}{12}=\frac{7}{12}$$

$$\overline{M}_{AB}=-\frac{a}{4}+\left(-\frac{a}{12}\right)=-\frac{a}{3}$$

(3) 将单位荷载$\overline{F}_P=1$施加于结点 D,容易求得(将图 5.35c 中的各值乘以 2 即可)

$$\overline{F}_{RA}=\frac{1}{6},\quad \overline{M}_{AB}=-\frac{a}{6}$$

(4) 将单位荷载$\overline{F}_P=1$施加于结点 E,此时在 DD' 的侧移受约束的情况下

AD 杆不受力，而在 DD' 发生侧移的情况下结构的弯矩和反力仍如图 5.35c 所示，故得

$$\overline{F}_{RA} = \frac{1}{12}, \quad \overline{M}_{AB} = -\frac{a}{12}$$

（5）将单位荷载 $\overline{F}_P = 1$ 施加于结点 B，易知此时

$$\overline{F}_{RA} = 0, \quad \overline{M}_A = 0$$

（6）根据以上分析计算的结果，定点、连线，得所求的影响线，如图 5.35d、e 所示。

第 1 版结束语

《趣味结构力学》写到这里，终于就要收尾了。是否有趣，留待读者评说；批评指正，作者竭诚欢迎！E-mail：shanjian@hotmail.com。

在写作本书的过程中，作者得到了不少同行、专家的关心、鼓励、意见和建议，朱慈勉、董正筑二位教授还热情地提供了有关素材。为了“十七孔桥”一幅插图，那向谦等七八位好友慷慨相助，有的特意为此去颐和园拍照，令作者深受感动。作者的女儿单荣从德国斯图加特发来了很有参考价值的图片资料。本书也从所列的参考文献中获得了不少宝贵的启发，引用了一些具有趣味性的题材。东南大学教务处对本书的写作给予了有力的支持。在此一并致谢，并希望今后继续得到有关方面领导、各位老师和广大读者的支持。

当今世界，特别是在我们中国，土木工程这一古老的行当仍在持续发展而不衰。新材料、新技术、新体系、新方法层出不穷，对结构力学既提供了机遇，也提出了挑战。这也正是结构力学的生命力和趣味性的源泉。作者因土木工程、结构力学的蓬勃发展而振奋，因结构力学这门课程的无穷乐趣而陶醉，兴之所至，填“临江仙”词一首，就用它来作为本书的结尾吧。词曰：

大厦千层碍月，长桥独跨横江。鸟巢巨蛋水魔方。科研穷奥秘，设计费周章。

结构标新立异，力学挈领提纲。无边趣海一帆张。何言疲与苦，乐此自徜徉。

参考文献

[1] 金宝桢,杨式德,朱宝华.结构力学[M].北京:人民教育出版社,1964.

[2] 龙驭球,包世华.结构力学:上册[M].北京:人民教育出版社,1979.

[3] 龙驭球,包世华.结构力学:下册[M].北京:人民教育出版社,1979.

[4] 李廉锟.结构力学:上册[M].4版.北京:高等教育出版社,2004.

[5] 李廉锟.结构力学:下册[M].4版.北京:高等教育出版社,2004.

[6] 单建,吕令毅.结构力学[M].2版.南京:东南大学出版社,2011.

[7] 朱慈勉,张伟平.结构力学:上册[M].2版.北京:高等教育出版社,2009.

[8] 朱慈勉,张伟平.结构力学:下册[M].2版.北京:高等教育出版社,2009.

[9] 缪加玉.结构力学的若干问题[M].成都:成都科技大学出版社,1993.

[10] 王朝伟,李廉锟,缪加玉.结构力学基础[M].北京:人民交通出版社,1994.

[11] 袁驷.程序结构力学[M].2版.北京:高等教育出版社,2008.

[12] 雷钟和,江爱川,郝静明.结构力学解疑[M].2版.北京:清华大学出版社,2008.

[13] Kawaguchi M. Engineering Aspects of Space Frames[C]// Abel J F. Current and emerging technologies of shell and spatial structures, Proceedings, IASS Colloquium. Madrid:[s. n.],1997.

[14] 单建.荷载缓和体系的概念及应用[M]//那向谦.建筑环境与结构工程最新发展.杭州:浙江大学出版社,1995.

[15] 王光远.论时变结构力学[J].土木工程学报,2000,33(6).

[16] 边文凤,董正筑.超静定桁架变形协调方程的新方法[J].计算力学学报,2002,19(2).

[17] 单建,蓝天.动力松弛法在张拉结构静力分析中的应用[J].东南大学学报,1994,24(3).

[18] Timoshenko S P, Gere J M. Theory of Elastic Stability[M]. 2nd. New York: McGraw-Hill,1961.

郑重声明